연구실
안전
따라
하기

연구활동 종사자를 위한

연구실 안전 따라하기

엄상용

지 음

이담북스

산업 안전 vs 연구실 안전

넓은 의미에서 연구실 안전도 산업 안전의 범주에 속하지만, 연구실은 일반 산업현장과 다른 특성을 갖고 있으며 이러한 특성으로 인해 발생하는 사고의 성격 또한 다르다. 즉, 산업현장에 비해 연구실에서 취급하는 물질의 양은 적고 설비의 크기도 작지만, 물질과 설비의 종류는 매우 다양하다. 또한 산업현장에서는 SOP(Standard Operating Procedure)에 따라 정형화된 작업공정을 준수하지만, 연구실에서는 다양한 형태의 신규 방법이 시도된다.

이러한 여러 특성에 따라 산업현장에서 발생하는 사고와 비교하여 연구실에서 발생하는 사고는 예측이 어렵고, 빈도 · 강도 · 종류 모두 매우 다양한 형태를 보인다. 더욱이, 과학기술의 발달로 연구환경은 점점 더 복잡하고 전문화되어 가는 상황이므로 보다 높은 수준의 연구실 안전관리가 요구되고 있다.

일반적으로 연구소는 기업부설 연구소, 국가출연 연구소, 대학교(원) 연구소 등으로 나눌 수 있는데, 이 중 대학교(원) 연구소의 연구활동종사자는 보통 2~4년 주기로 입학과 졸업을 반복하므로 신규 연구활동종사자가 지속적으로 발생하여 이들에 대한 안전관리가 매우 취약한 편이다. 즉, 기업부설 연구소나 국가출연 연구소의 연구활동종사자는 체계적이고 장기적인 계획을 수립하여 안전역량을 확보할 수 있는 데 비해, 대학교(원) 연구소의 연구활동종사자는 짧은 기간단위로 교체되다 보니 체계적인 안전역량 확보가 어렵다.

또한 산업체 근로자의 산업안전보건법 이행 수준과 비교하여 연구활동종사자의 연구실 안전법 이행 수준은 미흡한 편이고, 강제성 또한 상대적으로 약하다고 할 수 있다. 더욱이, 대학(원)생의 연구실 안전법에 대한 이해도와 준수 상태는 다른 연구활동종사자에 비해 더 낮은 편이고, 사고율은 더 높은 편이므로 이들에 대한 연구실 안전역량 확보가 중요하다.

이 책에서는 산업 안전에 비해 상대적으로 낮은 수준의 연구실 안전을 한 단계 높이기 위해, 연구활동종사자(연구주체의 장, 연구실 책임자, 연구실 안전환경관리자, 연구실 안전관리담당자 및 기타 연구실관계자 등)에게 연구실 특성에 따른 안전관리의 이해와 각 연구활동종사자가 갖추어야 할 안전역량에 대해 설명하고, 기본적인 안전준수 Guide를 제공하고자 한다.

- 보다 안전하고 쾌적한 연구활동이 되기를 바라며…
엄상용

다음 사례에서
유해위험요인을 찾아보자!

언제나 열정적인 엄태규 연구원은 최근 신규 프로젝트에 참여하게 되었다. 오늘은 새로운 원료물질과 장비를 이용하여 새로운 방식으로 합성실험을 할 예정이다. 그런데 어제 너무 늦게까지 실험데이터를 정리하느라 평소보다 늦잠을 자게 되었고, 졸음을 쫓기위해 텀블러에 담은 진한 아메리카노 커피와 샌드위치를 챙겨 서둘러 연구실로 향했다.

늦잠을 잤지만 오늘도 실험실에 제일 먼저 도착했고, 평소보다 늦은 만큼 서둘러 실험준비를 하느라 오늘은 일상안전점검을 생략하기로 한다.

먼저, 오늘 새롭게 취급할 원료물질이 어떠한 위험성이 있는지 확인해 보고자 MSDS(Material Safety Data Sheets; 물질안전보건자료)를 찾아보았는데 어디에 두었는지 보이지 않는다. '기존 원료물질과 크게 차이가 없으니 조심하면 별일 없겠지' 하는 생각으로 일단 실험을 진행하기로 한다. 실험에 앞서 샌드위치를 한입 베어 물고, 커피를 한 모금 마신 후 실험테이블 위에 올려놓는다.

그래도 혹시 모를 위험에 대비한다는 마음으로 고글과 글러브, 방독마스크를 착용하는데 문득 '가만, 정화통을 언제 교체했더라…' 하는 생각이 든다. 정화통 교체일자를 보니 이미 보름이나 지

연구실 안전 따라 하기

나 있다. '그동안 별일 없었으니 오늘만 착용하고 교체해야겠다'는 생각으로 그대로 착용한다.

흄후드의 풍속을 확인한 후 새로 들어온 반응기의 전원 스위치를 켠다. 전에 사용하던 반응기 때문에 애먹던 생각을 하며, 새 장비여서 그런지 작동음마저 산뜻하다는 생각이 든다. 원료 주입구도 기존 장비와 유사하여 일단 원료물질을 투입하고 반응조건 값을 입력하는데 마침 핸드폰이 울린다. 마스크를 벗은 채, 오랜만에 유학 간 친구로부터 걸려온 전화라 반갑게 이런저런 이야기를 나눈다.

그러는 사이…

흄후드 안의 반응기에서 갑자기 경고등이 켜지며 하얀 연기가 피어오른다. 경고음도 울리지만, 초기 설정값이 작게 세팅 되어 있어 잘 들리지 않는다. 다행히 연기는 흄후드의 유효풍속에 의해 배출 설비로 빨려나가고 있지만, 이러한 상황을 알 리 없는 엄태규 연구원은 전화 통화를 이어간다.

하지만 이내 '펑' 소리와 함께 반응기는 화염에 휩싸이고, 실험실은 연기로 차오르기 시작한다. 깜짝 놀라 서둘러 출입구 근처의 소화기를 향해 뛴다. 평소 사고대비훈련을 실시한 덕분에 침착하게 소화기를 들고 다시 흄후드로 돌아오던 중, 하필 바닥의 멀티탭 케이블에 걸려 넘어진다. 설상가상으로 넘어지면서 실험테이블과 부딪혀, 그 충격으로 텀블러가 떨어진다. 떨어진 텀블러 안의 커피가 멀티탭 콘센트에 쏟아지고 전기합선을 일으키며 스파크가 튄다. 이내 전원마저 차단되며 실험실 전체가 어두컴컴해진다.

다행히 곧바로 비상발전기가 가동되었는지 실험실 한쪽 벽면의 비상조명등이 켜진다. 하지만 흄후드 안의 화재와 멀티탭 콘센트에서 시작된 전기화재 연기로 실험실 안은 점점 더 어두워지고, 숨쉬기가 곤란해진다.

엄태규 연구원은 다시 한번 침착하게 상황을 판단해 본다. 실험테이블 주변에는 제4류 위험물인 인화성 액체류가 많이 방치되어 있고, 화염이 전파된다면 큰 화재로 번질 것이다. 화재로 인한 연기와 함께 유독가스가 발생되고 있고, 멀티탭 콘센트의 합선으로 차단기가 작동되어 실험실 전체 전기공급은 차단이 된 상태라 가동 중인 실험용 전기기기는 없다. 화재감지기가 작동하였는지, 아니면 누군가 화재발신기를 눌렀는지 경종이 요란하게 울리고, 화재대피 방송이 흘러나오고 있다.

여기까지 상황을 판단 후, 지난번 화재대응훈련을 떠올리며 소화 준비를 한다. 일단, 숨쉬기가 곤란하여 방독마스크를 다시 착용한 후 소화기의 안전핀을 뽑고 멀티탭 주변의 화재부터 진화한다. 다행히 흄후드 안에는 가연성물질이 적어 화염이 작았지만 가져온 소화기는 이미 다 사용한 상황이다. 일단 공기공급을 차단하기 위하여 홈후드의 스크린을 완전히 밀폐시킨다.

다시 두 번째 소화기를 가져온 후 홈후드의 스크린을 올리는 순간, 갑자기 화염이 밖으로 '확' 뿜어져 나온다. '아차차, 이 현상이 지난번 화재대응훈련 때 들었던 백드래프트(Backdraft)구나…' 하는 생각과 동시에, 반팔 티셔츠를 입고 있어서 팔뚝에 살짝 화상을 입었다. 놀란 마음에 소화약제가 다 방출될 때까지 소화기를 사용한 후에야 주변을 둘러본다.

화재가 완전히 진압된 것을 확인하고 창문을 개방하여 연기와 유독가스를 환기시키며 방독마스크를 벗는다. 팔을 보호할 수 있는 실험복을 입지 않았던 것을 후회하며 구급상자의 화상치료 거즈를 팔뚝에 붙이고 있는데 동료 연구원이 실험실에 도착한다.

불과 10분도 되지 않은 짧은 시간 동안 발생한 일들이 마치 10시간은 된 듯하다. 뜻하지 않은 사고를 당했으니 오늘은 운수 나쁜 날일까? 아니면 큰 사고로 이어지지 않았으니 운수 좋은 날일까? 하지만, 사고를 단순히 '운'에 맡기는 것이 더 위험한 발상이라 생각하며 오늘 어떤 유해위험요소가 있었고, 어떤 안전기준을 지키지 않았었는지 곰곰이 생각해 본다.'

---

1 본 사례에서 저자가 생각하는 유해위험요인은 책의 말미([Epilogue] 뒤)에 소개하였다.

목 차

CHAPTER

연구실 안전의 이해와 역량 확보

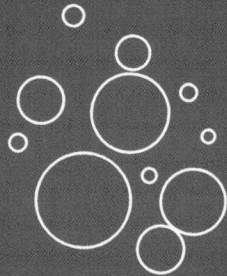

당신은 앞의 사례에서 얼마나 많은 유해위험요인을 발견하였고, 제거방법에 대해 알고 있는가?

연구활동종사자라면 정도의 차이는 있겠지만 연구활동 과정 중에 한 번쯤은 경험해 보았거나 앞으로 경험할 수도 있는 상황이라 생각된다. 이것은 연구활동 과정 중에 발생할 수 있는 여러 유해위험요소에 대한 예방 및 대응방법을 몰라서, 혹은 알면서도 준수하지 않았기 때문에 발생하는 사고이다.

연구실은 인문사회계나 이공계 모두 사용하는 용어이지만 통상 과학적 연구활동, 실험, 측정 등을 목적으로 하는 장소로 이공계 실험실을 의미하는 경우가 많다.

이곳에서 근무하는 사람들은 대부분 석사과정 이상의 고등교육을 받았거나 과정 중에 있는 사람으로 특정 분야의 전문가들이다. 사용하는 장비는 실험용 비커부터 고가의 연구장비까지 다양하고, 개발단계 중인 장비도 많다. 연구실이 모여 있는 연구소는 일반 오피스빌딩이나 공장건물과는 다른 특성을 보인다. 또한 공급되는 유틸리티의 종류나 양이 다를뿐더러 건물구조 등에도 차이가 있다.

  본 Chapter에서는 이러한 특성들을 갖고 있는 연구실의 안전관리를 위해 ① 연구활동의 위험성을 확인하고(Why), ② 연구활동종사자(Who)별 요구되는 안전관리 활동과, ③ 연구실 안전관리의 시기(When) 및 장소(Where) 등에 대해 설명하고자 한다.

1. 연구활동의 위험성

인류는 끊임없는 연구활동을 통해 삶의 질을 향상시켜 왔다. 자동차, 컴퓨터, 모바일폰과 같은 획기적인 연구활동의 결과물들은 인간사회 전반에 큰 변화를 주었고, 연구활동의 파급력과 가속도는 점점 더 커져가고 있다.

하지만, 이러한 연구활동에 필연적으로 따르는 것이 있으니 바로 '위험성'이다. 좀 더 정확하게는 '변화에 따른 위험성'이라 할 수 있으며, 이는 기존과는 다른 새로운 장비(Machine), 새로운 물질(Material), 새로운 방법(Method) 등이 연구활동에 사용되기 때문이다. 즉, 모든 연구활동은 연구활동종사자(Man)로 하여금 앞서 기술한 세 가지(장비, 물질, 방법) 중 한 가지 이상의 '변화'가 반드시 수반되게 하기 때문이다. 이러한 변화는 위험성을 증가시키고, 결국 연구활동종사자의 위험성 노출수준 또한 증가되는 것이다.

연구소는 산업현장과 달리 다품종소량의 위험물질을 사용하며, 신기술 및 신공법 등의 적용이 매우 활발하므로 예측이 어려운 다양한 형태의 사고가 발생한다. 즉, 산업현장에 비해 사고의 규모는

작을 수 있으나 사고의 형태가 다양하고 예측이 어려우며 발생도 빈번하다. 하지만, 연구활동종사자로 하여금 기본적인 안전수칙을 준수하게 하고, 사전유해인자위험분석[1] 등의 활동을 통해 위험성을 줄일 수 있다.

매슬로(Maslow)의 인간 동기의 이론

인간의 행동은 기본적인 욕구에서 비롯된다고 할 수 있다. 가장 보편적으로 이용되는 욕구 단계 이론은 미국의 심리학자 매슬로 (Maslow)가 1943년에 발표[2]한 '인간 동기의 이론(A Theory of Human Motivation)'이다. 그림에서 보는 바와 같이 인간의 욕구는 5단계로 구성되며, 5단계 중 2단계인 '안전의 욕구'가 본 책의 주 관심사이다. 안전의 욕구란, 신체적인 위협이나 심리적인 불확실성에서 벗

---

1 연구개발활동 시작 전 유해인자(화학적, 물리적 위험요인 등 사고를 발생시킬 가능성이 있는 인자)를 미리 분석하여 사고를 예방하기 위한 제도 [출처: 국가연구안전관리정보시스템].

2 Maslow, A. H. (1943년). A theory of human motivation. Psychological Review, 50, 370-396.

어나고자 하는 욕구를 말하는데 정서적 · 물질적 안정과 추위나 질병, 사고 등으로부터 자신을 보호하려는 욕구이다.

따라서, 연구활동에 기인하는 위험성에서 벗어나고자 하는 연구활동종사자의 안전욕구는 지극히 당연한 것으로, 특히 대학(원)생과 같이 낯선 연구환경에 처음 접하게 되는 신규 연구활동종사자에 대한 안전확보가 필요하다.

대학교(원) 연구실 사고 (출처 : 연합뉴스)

최근 5년간 발생한 연구실 사고 현황은 표[3]와 같다. 표에서 보는 바와 같이, 대학에서의 사고 발생이 전체의 약 64%로 다른 장소에 비해 현저히 높은 것으로 나타났다.

---

3   국가연구실 안전정보시스템 자료(2019~2024년 연구실 안전관리 실태조사 결과보고서).

구분	2019년	2020년	2021년	2022년	2023년	2024년	계
대학 (비율)	308 (81%)	146 (63%)	137 (60%)	174 (60%)	196 (61%)	226 (56%)	1,187 (64%)
연구기관	35	31	32	67	53	80	298
기업부설	36	55	58	51	72	97	369
합계	379	232	227	292	321	403	1,854

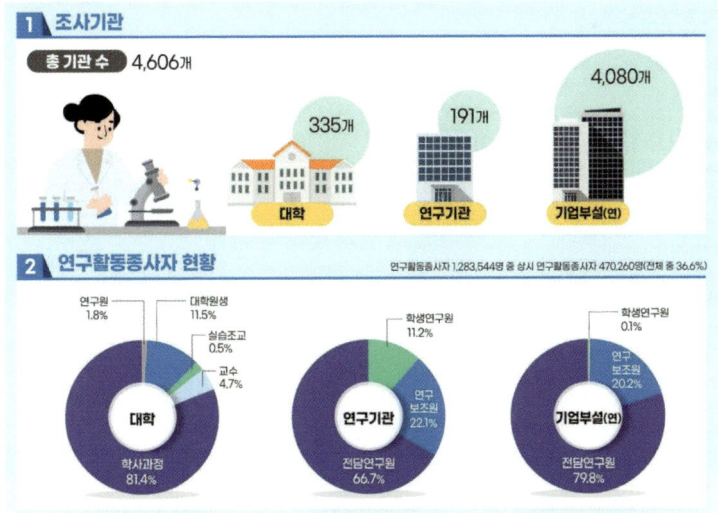

연구실안전법 적용 대상기관 및 연구활동종사자 현황

　그림[4]의 연구실안전법 적용 대상기관 현황에서 보듯이 기업부설 연구소의 수가 대학보다 10배 이상 많음에도 불구하고, 사고 발생은 3분의 1 이하 수준이다. 이는 국가출연 연구소 및 기업부설 연구소에 비해 대학의 연구실 안전 확보가 상대적으로 매우 열악함을

4　국가연구실 안전정보시스템 자료(2024년 연구실 안전관리 실태조사 결과보고서).

대변하는 것으로, 비용적인 측면에서는 연구실 안전예산의 증대가 필요하겠으며 무엇보다도 연구활동종사자의 기본적인 안전수칙 준수가 요구된다.

비용적인 측면을 차치하더라도 연구활동종사자의 연구실 안전 법에 대한 이해도와 안전수칙 준수에 있어서, 대학교(원)의 연구활동종사자가 국가출연 연구소 및 기업부설 연구소의 연구활동종사자에 비해 매우 낮은 편이다.

이는 고등학교까지는 보편적인 확인실험 수준의 낮은 위험단계 실험을 수행했다면, 대학생인 연구활동종사자의 경우 처음으로 응용실험 등 보다 높은 위험단계 실험을 수행하게 되기 때문이다. 따라서, 대학교(원) 연구활동종사자를 대상으로 보다 강제화된 안전수칙에 대한 이해와 준수가 필요하므로 정례화된 가이드 교육과 안전실습이 요구된다. 또한 대학의 연구활동종사자는 소위 '대학문화'라는 자유분방한 분위기에 놓여 있음으로 인해 자칫 안전을 등한시하는 분위기가 형성될 수 있으므로 이에 대한 적절한 대응 또한 요구된다.

다행히 최근 사회 전반에 걸쳐 안전에 대한 인식이 크게 강화되고 있는 상황에서 학교교육에도 안전과 관련된 과정 등을 반영하고 있으며, 초등학교부터 실험실 안전수칙 준수에 대한 체계적이고 지속적인 체화가 필요하겠다.

모든 연구실 안전사고는 사고당사자 한 사람만의 문제가 아니다.

나의 가족, 옆의 동료와 그의 가족은 물론이거니와 크게는 국가적, 사회적 손실로도 연결될 수 있다. 이것은 개인의 생명이나 재산을 잃는 손실도 있지만 연구활동종사자가 보유한 고도의 기술력을 잃을 수 있기 때문이다.

이러한 이유로 연구실 안전관리가 필요한 것이다. 다만, 앞서 설명한 바와 같이, 연구실 안전사고는 다른 장소의 사고에 비해 예측이 어렵다. 예측이 어려우니 예방 및 대응활동에도 어려움이 따른다. 어려운 만큼 더 안전관리 체계를 강화하고 연구활동종사자의 자율적인 안전활동이 필요하다.

2. 연구활동종사자별 안전관리 활동

통상 안전관리는 안전담당 부서나 담당자가 하는 것으로, 연구활동종사자와는 무관한 활동이라 생각하는 경우가 많다. 결론부터 이야기하면 이는 잘못된 생각으로, 안전관리는 담당부서나 담당자의 지도·조언을 받아서 연구주체의 장 및 연구실책임자 주도하에 전체 연구활동종사자가 참여하여야 하는 활동이다.

이때 연구주체의 장, 연구실책임자, 연구실안전관리담당자, 연구실안전환경관리자 등 각 연구활동종사자별 법적 의무사항이 상이하고 각자의 역할과 책임이 다르므로, 각 주체별 안전관리 활동에 대해 명확히 확인하고 이행하도록 하여야 한다.

2-1. 연구주체의 장

> **[연구실안전법 제2조(정의)]**
>
> 4. "연구주체의 장"이란 다음 각 목의 어느 하나에 해당하는 자를 말한다.
>   가. 대학·연구기관등의 대표자
>   나. 대학·연구기관등의 연구실의 소유자
>   다. 제1호사목에 해당하는 소속 기관(중앙행정기관 및 지방자치단체의 소속 기관 중 직제에 연구활동 기능이 있고, 연구활동을 위한 연구실을 운영하는 기관)의 장

> **[연구실안전법 제5조(연구주체의 장 등의 책무)]**
>
> ① 연구주체의 장은 연구실의 안전에 관한 유지·관리 및 연구실사고 예방을 철저히 함으로써 연구실의 안전환경을 확보할 책임을 지며, 연구실사고 예방시책에 적극 협조하여야 한다.
> ② 연구주체의 장은 연구활동종사자가 연구활동 수행 중 발생한 상해·사망으로 인한 피해를 구제하기 위하여 노력하여야 한다.
> ③ 연구주체의 장은 과학기술정보통신부장관이 정하여 고시하는 연구실 설치·운영 기준에 따라 연구실을 설치·운영하여야 한다.

연구실안전법에서의 책무뿐만 아니라, 연구주체의 장은 중대재해처벌법에 따라 경영책임자의 의무가 주어지고, 기업부설연구소의 경우에는 산업안전보건법상 안전보건관리(총괄)책임자의 의무도 이행하여야 한다.

자칫 연구주체의 장에게 과도한 의무가 주어지는 것처럼 보일 수도 있으나, 그만큼 연구주체의 장은 권한과 책임이 따르는 자리라

할 수 있겠다. 또한, 연구주체의 장이 안전관리 실무에 대해 구체적으로 모를 수 있으므로 안전환경관리자의 지도 · 조언을 받아야 하는 것이다.

저자가 수년간 연구주체의 장을 인터뷰해 본 결과, 연구실안전법을 비롯한 안전 관계법령 강화와 사회적 분위기 변화 등에 따라 연구주체의 장의 연구실 안전관리에 대한 인식이 크게 개선되었고, 추진하고자 하는 의지도 높아졌음을 확인하였다. 반면, 연구실안전법을 비롯한 안전 관계법령에 대한 이해가 부족하고 무엇을 어떻게 해야 할지 막연해하는 경우가 많았다. 더욱이 안전관리 활동에 따른 효과(안전수준 향상)가 바로바로 나타나지 않을 수 있기 때문에 조급해하거나 안전관리 활동에 대한 의구심을 갖는 경우도 있었다. 또한 연구주체의 장이 빈번히 교체되는 경우 지속성이 결여되어 안전문화 정착에 어려움을 겪는 연구소도 종종 볼 수 있었다.

그럼 연구주체의 장이 해야 할 안전관리 활동에는 어떠한 것들이 있을까?

먼저, 앞서 설명한 바와 같이 연구주체의 장은 안전 관계법령 등에 대한 이해와 경험이 부족할 수 있으므로 연구실 안전관리 전담부서를 직속으로 두어 지도 · 조언을 받아야 한다. 다만, 연구소의 규모 등을 고려하여 전담부서를 두기에 부담이 되는 경우에는 안전관리 직무를 수행하는 담당자를 두거나 외부 안전관리 업체를 통해서라도 지도 · 조언을 받는 것이 좋다. 이때 안전관리 전담부서 또

연구실 안전 따라 하기

는 전담자는 반드시 연구주체의 장 직속으로 하고, 업무의 독립성과 전문성을 확보해 주는 것이 무엇보다 중요하다. 만약 그렇지 않을 경우 실행력에 크게 영향을 받을 수 있으며, 안전관리 수준 또한 제자리걸음을 면하지 못할 것이다.

전담부서 또는 전담자를 두고 연구실 안전관리 업무를 수행함에 있어 가장 기본이 되는 것이 연구주체의 장의 의지를 담은 '연구실 안전환경 방침 및 목표, 추진계획 수립'이다. 연구실 안전환경 방침은 연구주체의 장이 바뀌거나 정기적(예, 매년 초)으로 재검토하여 기관 내 모든 연구활동종사자에게 공표하여야 한다. 이때 방침의 내용은 구체적인 것이 좋으며, 연구주체의 장 서명이 반드시 포함되어야 한다. 통상 방침은 사내 인트라넷 등을 통해 공지하거나 연구실 내 잘 보이는 곳에 게시하도록 한다.

목표와 추진계획은 연단위로 수립하되 전년도 실적을 참고하여 수립하여야 한다. 즉, P-D-C-A Cycle에 따라 P(Plan) 단계에서 전년도 실적 중 우수한 사항은 더욱 발전시키고, 부족한 사항은 보완하는 방안을 수립할 필요가 있다. 이때 목표와 추진계획은 정량적이고 구체적으로 수립하여야 한다. 막연하게 '안전한 연구실 만들기'와 같은 목표보다는 '아차사고 20% 감축'과 같은 구체적이고 정량화된 목표 수립이 좋겠다. 추진계획도 세부적으로 수립하되 담당자, 일정, 모니터링 및 성과측정 방법 등을 포함하여 수립하도록 한다.

효과적인 목표 달성을 하기 위한 'SMART 원칙'이라는 것이 있다. 간단히 소개하면, 목표를 수립할 때 Specific(구체적이고 명확하게 세운다), Measurable(달성 여부를 측정 가능하게 세운다), Achievable(현실적으로 가능한지 생각해 본다), Relevant(목표가 왜 중요한지 판단해 본다), Time-bound(명확한 기한을 둔다)를 고려하여 수립한다는 것이다.

물론 이러한 목표와 추진계획은 전담부서 또는 전담자가 기안을 하겠지만, 반드시 연구주체의 장의 검토가 필요하다. 또한, 목표와 추진계획이 잘 실행되기 위해서는 평가 및 보상과 연계하여 연구활동과 별개로 안전활동에 대한 성과평가 점수를 반영하고, 우수 안전활동 사례에 대해서는 포상하는 방법도 검토하여야 한다.

연구주체의 장이 직접적으로 안전관리 활동에 참여하는 방법도 고려되어야 한다. 즉, 연구주체의 장이 교육훈련(예, 연구실사고 대응 훈련 등)에 직접 참여하여 솔선수범을 보인다면 연구활동종사자들의 참여도가 높아지고 교육훈련 효과도 증대될 것이다.

연구주체의 장은 정기적으로 연구실 안전과 관련된 의사소통 및 정보제공이 필요하다. 연구실안전관리 위원회와 같은 법적 회의체 이외에도 안전관련 간담회 등과 같은 자리를 마련하거나 수시로 연구활동종사자의 의견을 청취할 수 있는 방안을 검토하여 실행하여야 한다. 또한, 연구활동종사자에게 안전 Letter 발송 등과 같은 방식으로 정보를 제공하여야 한다. 만약, 안전과 관련한 별도의 간담회나 Letter 발송이 어렵다면, 연구주체의 장이 참여하는 다른 일반적인 회의나 행사의 마지막에 간단히 안전과 관련된 이야기를 전파하거나 청취하는 방법도 실행해 보는 것이 좋겠다.

그리고, 연구실 안전관리 시스템이 효과적으로 가동되려면 전체 안전활동에 대한 연구주체의 장 검토가 반드시 필요하다. 국가연구안전관리본부에서 주관하는 '안전관리 우수연구실 인증제'[5]에서도 시스템 분야 심사에 '연구주체의 장의 검토 여부'를 평가하게 되어 있다. 즉, 연구주체의 장의 검토는 규정에 따라 실시되어야 하며, '연구실 안전환경 연간 추진계획 및 추진실적', '내부심사 지적사항 및 시정결과', '연구실 안전점검 또는 정밀안전진단 관련 고시에 따른 실시 계획 및 결과', '사전유해인자위험분석 계획 및 개선조치사항' 등이 포함되어야 한다. 아울러 연구주체의 장 검토 결과, 지시된 사항은 개선조치 하고 계획에 반영하는 등의 관리가 필요하다. 이러한 과정이 P-D-C-A Cycle이며 이 Cycle이 제대로 작동될 때, 시스템이 잘 갖춰져 있고 잘 운영되고 있는 연구소라 할 수 있다.

요약하면, 연구실 안전관리에 있어서 Top의 의지는 매우 중요하다. 연구주체의 장이 어떠한, 그리고 얼마나 큰 의지를 갖는가에 따라 그 연구소의 안전관리 수준이 크게 달라지기 때문이다.

---

5   정부가 대학이나 연구기관 등에 설치된 과학기술분야 연구실의 자율적인 안전관리 역량을 강화하고 안전관리 표준모델의 발굴 · 확산 등을 위해 연구실의 안전관리 수준 및 활동이 우수한 연구실에 대하여 전문가의 심사를 통해 인증을 부여하는 제도 [출처 : 국가연구안전정보시스템].

2-2. 연구실책임자

[연구실안전법 제2조(정의)]

6. "연구실책임자"란 연구실 소속 연구활동종사자를 직접 지도 · 관리 · 감독하는 연구활동종사자를 말한다.

[연구실안전법 제5조(연구주체의 장 등의 책무)]

④ 연구실책임자는 연구실 내에서 이루어지는 교육 및 연구활동의 안전에 관한 책임을 지며, 연구실사고 예방시책에 적극 참여하여야 한다.

[연구실안전법 제9조(연구실책임자의 지정 · 운영)]

① 연구주체의 장은 연구실사고 예방 및 연구활동종사자의 안전을 위하여 각 연구실에 대통령령으로 정하는 기준에 따라 연구실책임자를 지정하여야 한다.

② 연구실책임자는 해당 연구실의 안전관리 업무를 효율적으로 수행하기 위하여 연구실안전관리담당자를 지정할 수 있다. 이 경우 연구실안전관리담당자는 해당 연구실의 연구활동종사자로 한다.

③ 연구실책임자는 연구활동종사자를 대상으로 해당 연구실의 유해인자에 관한 교육을 실시하여야 한다.

④ 연구실책임자는 연구실에 연구활동에 적합한 보호구를 비치하고 연구활동종사자로 하여금 이를 착용하게 하여야 한다. 이 경우 보호구의 종류는 과학기술정보통신부령으로 정한다.

연구실책임자는 산업안전보건법에서 이야기하는 관리감독자와 유사하며 통상 대학교(원) 연구소의 경우 교수, 국가출연 및 기업부설 연구소의 경우 조직장(팀장, 파트장, 프로젝트 리더 등)인 경우가 대부분이다.

산업안전보건법에서 정의한 관리감독자와 마찬가지로, 연구실책임자는 연구실 안전관리에 있어서 연구실안전환경관리자 다음으로 수행해야 할 업무가 많다. 그럼에도 안전관리 업무는 주 업무(연구활동) 이외의 부수적인 업무로 치부되기 쉬워, 등한시하거나 매우 수동적으로 임하게 될 수 있다. 실제로 저자가 현장에서 경험하고 목격한 바로는 대다수의 연구실책임자가 안전관리는 전담부서 또는 전담자의 몫이며, 책임 또한 지지 않는다고 생각한다. 그러나 이는 명백히 잘못된 생각으로 법령에서도 연구실책임자의 책무를 정하고 있으며, 이를 위반할 시 처벌도 받을 수 있음을 명심하여야 한다.

연구주체의 장과 마찬가지로 연구실책임자도 연구실안전법을 비롯한 안전 관계법령에 대한 이해가 부족하고 무엇을 어떻게 해야 할지 막연해하는 경우가 많다. 이럴 경우 연구주체의 장 직속의 안전관리 전담부서 또는 전담자의 지도·조언을 받아야 한다. 다만, 이들의 직급이나 직책이 연구실책임자보다 낮더라도 이들은 연구주체의 장을 대신한다는 생각으로 지도·조언을 받는 것이 좋겠다.

앞서 이야기한 바와 같이 연구실책임자는 담당 연구실의 연구활동 이외에 안전활동에 대한 책무가 매우 다양하며, 이 중 몇 가지 중요한 사항에 대해 살펴보기로 하자.

우선 연구실책임자는 국내외 관련 법규 · 규정 등을 검토하여 해당 연구실의 안전규정 및 운영방침 등을 정하고 이것을 모든 연구실 구성원에게 공표하여야 한다. 다만, 안전관련 법규 · 규정 등을 직접 검토하기에 어려움이 있을 수 있으므로 안전관리 전담부서 또는 전담자의 도움을 받도록 한다. 또한, 연구실책임자는 연구실 안전규정 및 운영방침이 연구실에 적합한지를 정기적으로 확인하여 최신의 것으로 활용할 수 있도록 하여야 한다.

다음으로 연구실책임자는 연구주체의 장이 수립한 목표에 부합되도록 해당 연구실의 연간 안전활동 목표를 수립하고 구체적인 세부 추진계획을 마련하여 실행하여야 한다. 목표를 수립할 때에는 안전활동상의 필수사항(교육, 훈련, 성과측정, 내부심사 등)을 반드시 포함하며, 각종 안전점검 및 진단결과, 사전유해인자위험분석 결과, 법규 등 검토사항 등이 반영되어야 한다.

또한 연구기관 전체의 목표와 추진계획을 수립할 때와 마찬가지로 안전관리 전담부서 또는 전담자의 도움을 받아 수립할 수도 있겠지만, 연구실책임자를 비롯한 연구활동종사자 모두가 적극적으로 참여하여 수립하고 연구주체의 장의 검토를 받아야 한다. 역시나 효과적인 목표 달성을 위해 앞서 설명한 SMART원칙에 따라 검토하고, 모두가 능동적으로 참여하는 연구실 안전활동이 되도록 연구실책임자는 세부활동별 담당자를 지정, 그 역할 및 책임과 권한을 문서화(예, 업무분장표 등)하여 해당 연구실의 연구활동종사자와 공유하는 것이 좋겠다.

산업안전보건법에서 이행하고 있는 '위험성평가'와 유사하게 연구실안전법에서는 연구실책임자로 하여금 연구실 내의 실험기기, 장비, 유해위험물질, 실험방법, 그 밖의 업무에 기인하는 유해 위험 요인을 스스로 조사하고 그 위험요인을 제거·감소시키기 위해 '사전유해인자위험분석'을 수행하여야 한다. 이것은 연구실책임자 혼자 하는 것이 아니라 연구실책임자 주관하에 해당 연구실의 연구활동종사자 전원이 참여하여 수행하고, 그 결과를 사전유해인자위험분석 결과보고서로 작성하여야 한다. 보고서에는 연구실 안전현황, 연구활동별(실험·실습/연구 과제별) 유해인자 위험분석, 위험요인 제거·감소를 위한 안전계획, 비상시 조치계획, 연구개발활동안전분석(R&DSA) 등을 포함한다. 이렇게 사전유해인자위험분석을 통해 도출된 안전관리 미흡사항은 보완·조치하고, 해당 연구실 안전환경 목표 등에 반영하여 관리하여야 한다.

연구주체의 장과 마찬가지로 연구실책임자도 정기적으로 연구실 안전과 관련된 의사소통 및 정보제공이 필요하다. 방법은 다양하게 수행할 수 있으며, 연구실 단위의 회의나 행사는 진행이 쉽기 때문에 각종 회의나 행사의 마지막에 안전과 관련된 안건을 다루어 보는 것을 추천한다.

또한 이러한 회의나 행사, 정보제공을 포함한 연구실 안전과 관련한 다양한 교육훈련(특히, 법적 교육 등)을 실시할 때에는 서명지 및 사진 등의 근거를 남기는 것이 좋다.

연구실책임자는 해당 연구실에서 발생할 수 있는 최악의 사고들을 가정한 비상상황별 대응 시나리오가 포함된 비상조치계획(매뉴얼)을 작성하고, 정기적인 교육·훈련도 실시하여야 한다. 즉, 비상조치계획에는 해당 연구실의 특성(보유 유해위험인자, 대응장비 등), 사고발생 시 비상조치를 위한 연구실 구성원의 역할 및 수행절차, 사고발생 시 각 부서 및 관련기관과의 비상연락체계, 비상 시 대피 절차와 재해자에 대한 구조 및 응급조치 절차, 비상조치계획에 따른 연간 연구실 교육·훈련 계획 및 실적 등이 모두 포함되어야 한다. 또한 P-D-C-A Cycle에 따라, 비상조치계획이 수립되면 정기적으로 비상상황별 대응 훈련을 실시하고 성과를 평가하여 필요시 비상조치계획을 개정·보완하여야 한다. 물론, 대응훈련 이외에 실제 사고가 발생한 경우에도 사고대응 결과 등을 기록·관리하여야 하며, 사고대응 시 미흡했던 사항에 대해서는 대책을 수립하여 비상조치계획을 보완하도록 한다.

요약하면, 연구실책임자는 해당 연구실의 안전관리에 대한 모든 책임에서 자유로울 수 없다. 특히, 관계 법령에서 정한 책무에 대해서는 반드시 이행하여야 한다. 다만, 책임이 무거운 만큼 권한도 따라야 하므로 연구주체의 장은 연구실책임자에게 적절한 권한을 부여하여야 한다. 부여된 권한을 바탕으로 연구실책임자는 안전한 연구실이 되도록 책임을 다해보자.

2-3. 연구실안전관리담당자

> **[연구실안전법 제2조(정의)]**
>
> 7. "연구실안전관리담당자"란 각 연구실에서 안전관리 및 연구실사고 예방 업무를 수행하는 연구활동종사자를 말한다.

위 정의에 표현된 바와 같이 연구실안전관리담당자는 각 연구실 단위에서 필요한 안전관련 업무를 원활하게 진행될 수 있도록 하는 코디네이터 역할을 수행하여야 한다. 이러한 중요한 역할을 수행하기 위해서는 안전활동과 관련된 지식이나 경험이 필요하고, 그렇기 때문에 고연차의 선배 대학원생 또는 선임자가 맡아서 수행하는 것이 효과적이다.

그러나 대부분의 경우 '연구실 막내'로 불리는 대학교(원) 연구소의 신입생(석사 1년 차 등) 또는 국가출연 및 기업부설 연구소의 신입사원이 담당하는 경우가 많다. 이는 안전관련 업무가 연구활동에 직접적으로 도움이 되지 않는 부수적인 업무로 인식되기 때문이다. 하지만, 앞서 설명한 바와 같이 안전활동은 소중한 생명 · 재산과 직결된 것으로 이를 소홀히 생각해서는 안 된다.

연구실안전관리담당자는 연구실책임자가 해당 연구실의 안전관리 업무를 효율적으로 수행하기 위하여 지정하는데, 연구실당 한 명의 연구실안전관리담당자 지정에 그치기보다는 연구실안전관리담당자 외에 여러 명(가능하면 해당 연구실 연구활동종사자 전원)에게 업무분장을 통해 안전관리 업무를 부여하여 함께 수행하는 것이 좋겠다.

예를 들어, 김OO 연구활동종사자는 화학물질 안전관리, 이OO 연구활동종사자는 실험기기 안전관리, 박OO 연구활동종사자는 전기/가스 안전관리, 최OO 연구활동종사자는 안전교육훈련 등에 관한 관리… 등과 같이 안전활동을 분담하여 수행하고, 다음 해에는 업무를 순환하여 맡아 수행하는 방법을 적용해 볼 것을 제안한다. 이렇게 한다면 연구실 막내와 같은 특정 인원의 '독박업무'가 아닌 해당 연구실의 모든 연구활동종사자가 다 같이 참여하는 안전활동이 될 수 있으며, 인원변동(졸업이나 퇴직 등)에 따른 안전관리 업무단절도 예방할 수 있다.

연구실안전관리담당자는 안전활동과 관련된 최소한의 지식이나 경험이 필요한데 이를 위해서는 연구실 안전관리 전담부서 또는 전담자의 도움을 받는 것이 좋다. 물론 연구활동 중에 발생하는 위험을 연구활동종사자가 더 많이 알 수 있지만, 각종 예방활동이나 안전기기 등에 대한 지식과 경험은 안전관리 전담부서 또는 전담자가 더 많기 때문이다.

저자는 최근에 연구활동종사자 중에서 연구실안전관리담당자 역할을 수행하다가 연구실 안전관리의 중요성을 인식하고, 산업안전기사는 물론 '연구실안전관리사' 자격을 취득한 사례도 보았다. 물론 안전관련 학문을 이수하지 않았거나 관련 업무를 수행한 경험이 부족한 경우 자격증 취득까지는 매우 어려울 수 있으나, 평소 안전관리 수준이 높은 연구소에서 안전활동을 성실히 이행한 연구활동종사자라면 어렵지만은 않을 것이다.

연구주체의 장과 연구실책임자는 연구실안전관리담당자들이 안전활동을 부수적인, 귀찮은 업무로 인식하지 않도록 동기부여 방안을 검토하여야 한다. 예를 들어, 인사고과 평가에 반영하거나 인센티브를 지급하는 방법도 있겠고, 무엇보다 안전활동의 중요성에 대해 지속적으로 인식할 수 있도록 안전관련 세미나나 박람회 참석 등의 기회 부여도 좋은 방안이라 생각한다.

요약하면, 연구실안전관리담당자는 해당 연구실의 안전을 위하여 가장 활발하게 안전활동을 수행해야 할 실질적인 이행자이다. 또한 이들은 연구실책임자를 비롯한 해당 연구실의 모든 연구활동종사자와 안전관리 전담부서(또는 전담자)와의 가교자이다. 이들의 노력 여하에 따라 해당 연구실의 안전이 담보될 수 있으므로 본인의 노력(안전의식 제고, 전문지식 및 경험 습득 등)은 물론 연구주체의 장, 연구실책임자, 연구실안전환경관리자 등 주변의 지원(평가와 보상, 전문지식 및 경험 전수 등)이 절대적으로 필요하다.

2-4. 연구실안전환경관리자

[**연구실안전법 제2조(정의)**]

5. "연구실안전환경관리자"란 각 대학·연구기관등에서 연구실 안전과 관련한 기술적인 사항에 대하여 연구주체의 장을 보좌하고 연구실책임자 등 연구활동종사자에게 조언·지도하는 업무를 수행하는 사람을 말한다.

[**연구실안전법 제10조(연구실안전환경관리자의 지정)**]

① 연구주체의 장은 다음 각 호의 기준에 따라 연구실안전환경관리자를 지정하여야 한다.

1. 연구활동종사자가 1천명 미만인 경우: 1명 이상

2. 연구활동종사자가 1천명 이상 3천명 미만인 경우: 2명 이상

3. 연구활동종사자가 3천명 이상인 경우: 3명 이상

② 연구주체의 장은 제1항에 따라 연구실안전환경관리자를 지정할 때 대학·연구기관등의 분교 또는 분원이 있는 경우에는 분교 또는 분원에 별도로 연구실안전환경관리자를 지정하여야 한다. 다만, 분교 또는 분원의 연구활동종사자 총 인원이 10명 미만에 해당하는 등 대통령령으로 정하는 경우에는 별도로 연구실안전환경관리자를 지정하지 아니할 수 있다.

③ 연구실안전환경관리자는 다음 각 호의 어느 하나에 해당하는 사람이어야 한다.

1. 제34조에 따른 연구실안전관리사 자격을 취득한 사람

2. 안전관리기술에 관하여 「국가기술자격법」에 따른 국가기술자격을 취득한 사람으로서 대통령령으로 정하는 요건을 갖춘 사람

3. 대통령령으로 정하는 안전관리기술 관련 학력이나 경력을 갖춘 사람

④ 연구주체의 장은 다음 각 호의 어느 하나에 해당하는 경우에는 대리자를 지정하여 연구실안전환경관리자의 직무를 대행하게 하여야 한다.

1. 연구실안전환경관리자가 여행·질병이나 그 밖의 사유로 일시적으로 그 직무를 수행할 수 없는 경우
2. 연구실안전환경관리자의 해임 또는 퇴직과 동시에 다른 연구실안전환경관리자가 선임되지 아니한 경우

⑤ 제4항에 따른 대리자의 직무대행 기간은 30일을 초과할 수 없다. 다만, 출산휴가를 사유로 대리자를 지정한 경우에는 90일을 초과할 수 없다.

⑥ 그 밖에 연구실안전환경관리자의 지정 절차 및 업무, 제4항에 따른 대리자의 요건은 대통령령으로 정한다.

연구실안전환경관리자가 수행하여야 할 구체적인 업무는 매우 다양하고 많으며, 이는 연구실안전법규 등에 명시되어 있다. 대부분의 업무는 산업안전보건법에서 정한 '안전관리자'의 업무와 유사하여 현재는 연구실안전환경관리자의 지정기준이 산업안전보건법의 안전관리자 지정기준과 유사하나, 연구실 안전관리의 특수성을 고려하여 최근 도입된 '연구실안전관리사'로 하여금 수행하도록 변화하고 있다.

저자가 현장에서 이들의 애로사항을 들어보면, 연구실안전환경관리자는 연구주체의 장을 보좌하고 연구실책임자 등 연구활동종사자에게 지도·조언하는 업무를 수행하여야 하므로 기본적으로 산업안전보건법 이외에 연구실안전법 등 안전관련법규를 폭넓게 알고 있어야 하며, 연구활동 시 수반되는 유해위험요인 전반에 대

해서도 잘 이해하고 있어야 한다. 그러므로 산업안전을 바탕으로 연구실의 특수성을 직/간접적으로 경험한 경우가 업무수행에 유리하다. 그러나 연구소 특성상 안전관리를 전담으로 수행하는 인력의 규모가 적고, 그들의 경험 또한 아직은 풍부하지 않은 상황이다.

이를 해결하기 위한 방법으로 주변 연구소들과 연대, 협업하는 것을 추천한다. 협의체나 워크숍과 같은 정기적인 모임을 통해 우수 사례는 서로 벤치마킹하고, 다양한 정보도 교류하면 좋겠다. 물론 단순히 거리상으로 가까운 연구소들의 안전환경관리자 간 교류도 좋겠지만 대학교(원), 국가출연, 기업부설 연구소 각각의 특성을 고려한 협의체 활동도 필요하다. 참고로, 대전 대덕과학기술단지 내 안전관리자 협의체가 운영 중이며, 전국 대학연구실 안전환경관리자 협의회도 2014년에 설립되어 활발히 활동하고 있다.

연구실안전환경관리자의 또 다른 애로사항은 연구실책임자와의 관계에서 많이 발생한다. 연구실책임자는 대부분 교수, 연구과제 책임자 등 석사학위 이상의 고학력자로, 해당 연구활동 분야에 상당한 지식을 보유하고 있다. 그렇다 보니 연구활동에서 비롯된 안전문제도 누구보다 잘 안다고 확신하는 경우가 많다. 따라서 연구실안전환경관리자의 지도·조언을 듣기보다는 본인의 지식과 경험에 의존하려는 경향이 매우 크다. 이러한 이유로 연구실책임자와의 마찰이 발생하거나 연구소 전체의 일관된 안전활동 방향성에서 벗어나는 경우가 종종 발생한다.

이러한 문제를 해결하기 위해서는 연구실안전환경관리자도 연

연구실 안전 따라 하기

구실들의 다양한 연구활동 특성에 관해 어느정도 지식이 있어야 하겠으며, 무엇보다 평소 연구실책임자와의 유대관계 형성이 필요하다.

간혹, 연구실안전환경관리자는 지도·조언만 하고 연구실 안전활동의 실행은 연구실책임자를 비롯한 연구활동종사자가 해야 한다는 식의 다소 무책임한 생각을 갖고 있는 연구실안전환경관리자도 있다. 물론 연구주체의 장, 연구실책임자의 책무가 막중하다고는 하나 이들에게 지도·조언을 제대로 하지 않아 발생하는 문제는 연구실안전환경관리자에게 있음을 명심하여야 한다.

연구실안전환경관리자의 역량에 비례하여 해당 연구기관의 안전관리 수준이 정해지므로, 지금 해당 연구기관의 안전관리 수준이 어떠한지 판단해보면 연구실안전환경관리자의 역량 수준도 가늠될 것이다.

요약하면, 연구실안전환경관리자는 항해사와 같은 존재이다. 선장의 역할을 하는 연구주체의 장에게 정확한 지도·조언을 하여야 하고, 선원의 위치에 있는 연구실책임자를 비롯한 연구활동종사자가 안전하고 편안한 연구활동을 할 수 있도록 지원하여야 한다.

2-5. 연구활동종사자

[연구실안전법 제2조(정의)]

8. "연구활동종사자"란 제3호에 따른 연구활동에 종사하는 사람으로서 각
대학·연구기관등에 소속된 연구원·대학생·대학원생 및 연구보조원
등을 말한다.

[연구실안전법 제5조(연구주체의 장 등의 책무)]

⑤ 연구활동종사자는 이 법에서 정하는 연구실 안전관리 및 연구실사고 예
방을 위한 각종 기준과 규범 등을 준수하고 연구실 안전환경 증진활동에
적극 참여하여야 한다.

안전한 연구활동을 위해서는 생각하기에 따라 약간의 수고스러움이 발생한다고 푸념할 수 있다. 하지만 연구활동 중 안전수칙을 준수하지 않아 발생하는 사고에 따른 수고스러움은 이보다 수십, 수백 배 더 크게 발생하게 된다. 그리고 이렇게 발생된 수고스러움의 피해자는 사고 당사자 및 동료를 포함한 그들의 가족이 될 것이다.

이러한 사실을 누구나 잘 알면서도 준수하지 않는 이유는 '설마'라는 안일함과 '굳이'라는 귀찮음 때문이라 생각한다. '이전에도 별일 없었는데 설마 무슨 일이 생기겠어?', '바쁘고 귀찮은데 굳이 이렇게까지 준수해야 하나?'라는 생각이 모든 사고의 시작임을 명심해야 한다.

물론 개개인의 생각을 바꾸어 전체의 안전문화 수준을 높이는 데에는 많은 시간이 필요하다. 하지만 연구활동종사자 중 비록 소수의 인원일지라도 자율 안전활동을 시작하여 안전한 연구활동을 하자는 분위기가 형성되고, 연구주체의 장 및 연구실책임자의 의지와 연구실안전환경관리자의 지원이 뒤따른다면 분명 그 연구실의 안전문화 수준은 빠르게 높아질 것이다.

즉, 안전은 다른 누군가가 지켜주는 것이 아니라 연구활동종사자 각자가 자율 안전활동을 실행할 때 서로가 서로의 안전을 지켜주는 것이 가능해진다.

그럼, 연구활동종사자가 준수해야 할 연구실 안전활동에는 무엇이 있을까?

먼저 연구주체의 장, 연구실책임자와 마찬가지로 연구실안전법에 대한 기본적인 이해와 이를 준수하고자 하는 의지가 필요할 것이다. 보다 구체적인 의무사항은 책의 부록에 수록한 '연구실 안전법 핵심 내용'을 확인하여, 자율적으로 실행해 보거나 연구실책임자 주관하에 다 같이 실행해 보자.

덧붙여 각 연구실 단위로 작성되어 있는 연구실 안전관리규정, 비상조치계획 등에 대해서도 숙지하여야 하는데, 이것이 어렵다면 잘 보이는 곳에 비치하고 수시로 확인해 보도록 하자.

또한 연구활동종사자는 연구실 안전환경유지와 관련된 업무수행에 필요한 능력을 보유하여야 하는데, 필요한 경우 교육 · 훈련 등을 통하여 필요한 능력을 습득하여야 한다. 즉, 연구활동 과정 중에 발생할 수 있는 사고 위험을 예방하고 대응하기 위해서 사전유해인자위험분석 등을 통해 유해·위험물질의 잠재위험성 및 안전수칙 등을 이해하고, 교육·훈련을 통해 사고발생 시 비상대응능력을 체득하여야 한다.

이를 위해 연구활동종사자는 사전유해인자위험분석에 적극 참여하고, 해당 연구실의 안전환경 문제 및 활동에 대한 의견, 개선 아이디어, 관심 사항 등을 상호 간 또는 연구실책임자와 적극 의사소통하도록 한다.

요약하면, 연구실 안전사고 예방을 위해서는 '비상스위치 부착' 과 같은 물리적 설비 개선으로 어느 정도 가능할 수 있지만, 결국 안전활동의 핵심은 사람이다. 연구활동종사자 각 개인이 연구활동 못지않게 안전활동에 대한 중요성을 인식하고, 자율적 의지와 함께 안전기준을 이행한다면 사고 없는 안전한 연구활동이 가능할 것이다.

3. 연구실 안전관리의 시기 및 장소

연구실 안전관리의 시기와 장소는 따로 없다고 생각한다. 다시 말해 사고는 언제 어디서든 발생할 수 있으므로 안전관리 또한 언제 어디서나 이행되어야 한다.

기술경쟁의 심화로 연구활동은 밤과 낮의 구분 없이 끊임없이 진행된다. 다만, 밤과 낮이라는 시간 개념보다는 연구활동 과정 중 시점에 따라 안전관리 방법이 바뀔 수 있으니 편의상 연구활동 시작전, 중, 후로 나누어 생각해 볼 필요가 있다. 아울러, 연구활동 장소도 최근 매우 다양해지고 있으므로 연구실 안전관리 장소도 검토해 볼 필요가 있다. 예를 들어 자율주행 연구를 위한 오픈도로, 해양생물 연구를 위한 바닷속, 극한 성능시험을 위한 극지 등 연구대상과 고려되어야 하는 환경 등이 다양해짐에 따라 연구활동이 수행되는 곳은 모두 안전관리 대상 장소가 되어야 한다.

3-1. 연구활동 시점에 따른 안전관리

모든 일에는 시작과 끝이 있듯이 연구활동에도 시작과 끝이 있다. 이것을 연구활동 시작 전, 중, 후로 3등분하여 각 시점별로 갖는 위험성을 살펴보고 안전관리 방법을 생각해 보자.

우선 연구활동 시작 전에는 반드시 일상점검을 실시하여야 한다. 일상점검은 연구활동에 사용되는 기계, 기구, 전기, 화공약품, 가스, 병원체 등의 보관상태 및 보호장비의 관리상태 등을 눈으로 직접 확인하는 점검으로 일상점검표를 활용하여 연구활동 시작 전에 매일 1회 실시해야 한다. (단, 저위험연구실은 매주 1회 이상)

일상점검 시 주의해야 할 점은 일상점검표에 단순히 서명만 하는 것이 아니라 각 항목별로 확인해야 할 사항을 직접 눈으로 확인한 이후에 이상 유무를 체크해야 한다는 것이다. 확인 중에 이상을 확인한 경우에는 반드시 안전조치를 취하고, 안전이 보장되지 않은 경우에는 연구활동을 시작하지 않아야 한다.

하지만 저자가 다수의 연구실 일상점검 실태를 확인한 결과, 많은 연구실에서 항목별 이상 유무 확인 없이 형식적으로 일상점검표에 서명하거나 이것마저도 며칠씩 밀리는 경우도 있다. 다만, 최근 일상점검표를 종이 형태 대신 전산화하여 강제성을 부여하는 연구소가 증가하고 있고, 연구활동종사자들의 안전의식이 높아져 연구활동 시작 전 일상점검을 제대로 하는 연구실들이 증가하고 있는 점은 고무적이다.

연구활동 전, 일상점검은 연구실안전의 첫걸음

본격적인 연구활동이 시작되면 반드시 위험성을 고려하여 개인 보호구를 착용하는 것이 기본이며, 사전유해인자위험분석을 통해 파악된 각 연구활동 단계별 위험성에 따른 안전수칙을 준수하여야 한다. 즉, 연구활동을 시작하여 종료하기 전까지 연구활동 중에는 개인보호구를 착용한 상태를 유지하고, 모든 실험장비 등을 조작할 때에는 안전수칙을 준수하며 진행하여야 한다. 특히, 연구활동을 위해서는 새로운 장비나 신규 물질 등이 많이 사용되는 만큼 반드시 SOP와 MSDS를 확인하여 준수하여야 한다.

연구활동 중, SOP & MSDS의 확인과 준수

　연구실책임자를 비롯한 연구활동종사자는 연구활동 중에 발생할 수 있는 각종 비상 상황에 적절하게 대응하여야 하며, 이를 위해 미리 작성된 비상대응 매뉴얼대로 평상시 교육훈련이 되어 있어야 한다. 즉, 해당 연구실에서 발생 가능한 사고유형들을 도출하여 대응 시나리오를 작성하여 비치하고, 이를 정기적인 교육훈련을 통해 대응능력을 확보하여야 한다.

　인간은 사고와 같은 일상적이지 않은 상황에 놓이면 패닉(panic) 상태에 빠져 정상적인 상황 판단과 신체활동이 어려울 수 있기 때문에 평상시 교육훈련으로 체득화 하는 것이 중요하며, 비상대피로와 비상연락망과 같은 안전정보를 출입구 주변에 게시해 두어야 한다.

연구활동이 종료된 후 바쁘고 귀찮다는 핑계로 사용한 연구장비나 물질을 정리하지 않고 방치한다면 안전사고로 이어질 수 있다. 특히, 액체상태의 화학물질은 증발하여 기체상태의 유해위험물질로 변화되기 쉽고 공기 중의 수분 등과 반응하여 위험성이 증가될 수 있다.

또한, 연구활동이 종료되어 연구장소를 이탈하는 경우에는 반드시 연구장비의 전원을 off 상태로 두어야 하며, 가능하다면 전원 플러그를 완전히 제거하는 것이 더 효과적이다. 이것은 과운전에 의한 화재, 폭발을 예방하기 위해서이다.

이러한 연구활동 종료 후 발생 가능한 안전사고를 예방하기 위해 연구실에도 3정 5S 활동을 도입해 보자. 3정 5S 활동은 3정(정품, 정량, 정위치)과 5S(정리, 정돈, 청소, 청결, 습관화)로, 일반적으로 제조현장 등에서 불량률을 낮추고 안전한 작업현장을 만들기 위해 사용되는 활동이다. 연구실도 제조현장과 다를 바 없으므로 안전을 위해 3정 5S 활동을 제안한다. 다만 3정 5S 활동이 부담된다면 비교적 간단하고 쉬운 5S 활동부터 당장 시작해 보는 것은 어떨까?

연구활동에 사용하였던 화공약품이나 연구장비 등을 정리 · 정돈하여 보관하고 연구활동을 수행한 공간을 청소하여 청결한 상태를 유지한다면 안전사고를 예방할 수 있으며, 이것을 습관화할 때 연구실의 안전성을 높일 수 있다.

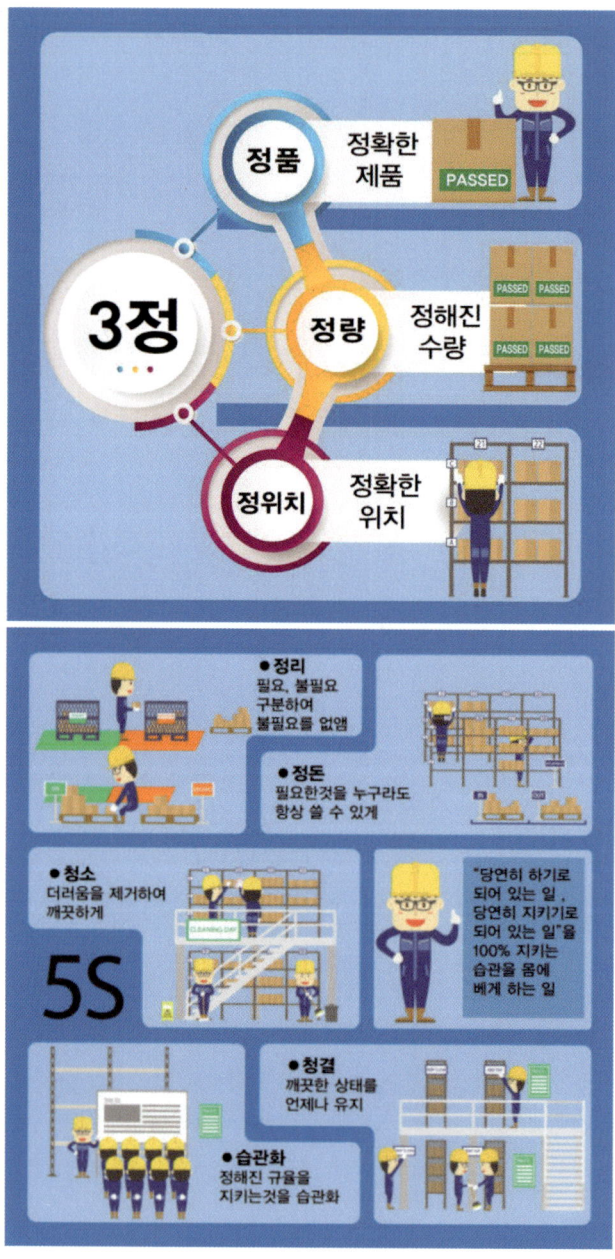

연구활동 후, 3정 5S로 마무리

연구실 안전 따라 하기

3-2. 연구실 안전관리 장소

대부분의 연구소는 도심보다는 도시 외곽에 위치하는 경우가 많다. 여러 이유가 있겠지만 연구활동 측면에서 보면 연구활동의 안정성 때문일 것이며, 안전 관점에서 보면 사고 시 피해 크기의 최소화 때문일 것이다. 또한 일반적인 건축물과는 달리 연구소의 건물 구조나 시설은 다양한 특성을 갖고 있으며, 사용하는 유틸리티의 종류와 양도 다르다.

방사광가속기 조감도(충북 오창)

통상 연구실의 레이아웃이나 안전장치 등은 연구활동의 목적에 따라 세팅이 되지만, 잦은 연구활동의 변경으로 이를 따라가지 못하는 경우가 많다. 따라서 연구소 전체나 개별 연구실을 셋업하는 초기 단계부터 다양한 위험성을 고려하고, 이를 효과적으로 예방 및 대응할 수 있도록 설계·시공되어야 하겠다.

다만, 대학교(원)의 연구실은 일반적으로 강의실과 같은 교육시설을 이용하는 경우가 대부분이므로, 국가출연 및 기업부설 연구소에 비해 상대적으로 위험에 노출되거나 사고 시 피해의 크기가 클 가능성이 높다. 따라서 대학교(원)의 연구실을 구성할 때에는 안전을 위한 설비의 보완 등을 검토할 필요가 있다.

최근 다양한 분야의 연구활동이 시도되고 있는 만큼 연구활동의 장소 또한 매우 다양해지고 있다. 극지방, 열대우림, 심해(深海), 지중(地中), 화산지대, 나아가 우주공간까지 인류가 직접 또는 기기를 통해 갈 수 있는 모든 곳이 연구활동 장소인 셈이다.

이러한 장소에 연구소를 짓고 건물 안의 연구실에서 연구활동을 할 수도 있으나, 연구실을 벗어나 야외에서 연구활동을 수행하는 경우도 있다. 이러한 장소나 공간은 일반적인 연구실보다 위험에 노출되기 쉽고, 위험의 특성도 일반적이지 않을 수 있다. 따라서 연구활동이 진행되는 장소의 특성을 감안하여 안전관리 대책을 수립하여 수행해야 하는데, 장소의 특성이 제각각이므로 일관된 안전관리 기준을 적용하기보다는 사전유해위험분석을 통해 안전대책을 수립하여 수행하는 것이 좋겠다. 중요한 것은 연구활동의 장소가 다양해지더라도 안전관리에 예외는 없으며, 연구활동 장소의 특성과 위험성을 고려하여 반드시 안전활동을 수행해야 한다는 것이다.

연구실 안전 따라 하기

국제우주정거장(ISS)에서의 연구활동(출처 : 미국항공우주국, NASA)

장보고 과학기지(출처 : 경기신문, https://www.kgnews.co.kr)

CHAPTER

연구활동 안전요소별
Guide

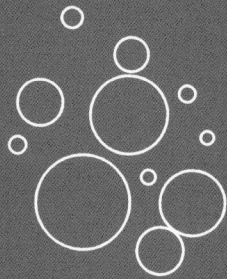

연구실 안전요소는 크게 8가지 요소(일반안전, 산업위생, 기계안전, 전기안전, 화공안전, 소방안전, 가스안전, 생물안전)로 나눌 수 있는데, 이러한 8가지 요소는 안전점검 및 정밀안전진단 등에서도 활용되는 분류이다. 각각의 안전요소에 대해 정도의 차이는 있을 수 있으나 모든 연구실은 8가지 안전요소에 대한 기본적인 안전수칙부터 습관화하는 것이 필요하다.

4M은 공정관리를 할 때 흔히 사용하는 전통적인 품질관리 기법으로, 공정이 불안정할 경우나 품질에 문제가 발생할 경우 그 원인을 찾아내기 위하여 4M 기법을 주로 사용한다. 즉, 4가지 관점(Man, Machine, Material, Method)에서 문제 원인을 찾아 그에 대한 해결방법과 대책을 제시하는 방법이다.

안전관리 분야에서도 재해발생 원인을 인간적 요인(Man), 설비적 요인(Machine), 작업적 요인(Media), 관리적 요인(Management) 등 4M 관점에서 찾는데, 앞서 기술한 품질관리 분야에서의 4M 기법과는 다소 차이가 있다. 즉, 인간적(Man) / 설비적(Machine) 요인

은 유사하나 나머지 두 요인은 조금 다른 개념으로 접근할 필요가
있다.

본 Chapter에서는 8가지 연구활동 안전요소(What) 각각에 대해
기본적인 설명과 가장 중요하다고 생각되는 Guide를 6개씩 선정하
여 예시사진과 함께 설명(How)하고자 한다. 품질관리 및 안전관리
분야에서 사용되는 4M기법을 따랐으며, 가능한 모든 연구실에 적
용할 수 있는 공통적인 내용 위주로 제시하려 노력하였으나 각 연
구실의 연구환경 특성을 고려한 적용이 필요하겠다.

1. 일반안전

일반안전은 연구실 안전사고 방지 및 대책을 수립함에 있어 필요한 사항들을 규정하고 기준을 준수하게 하는 가장 기본적이고 중요한 요소이다.

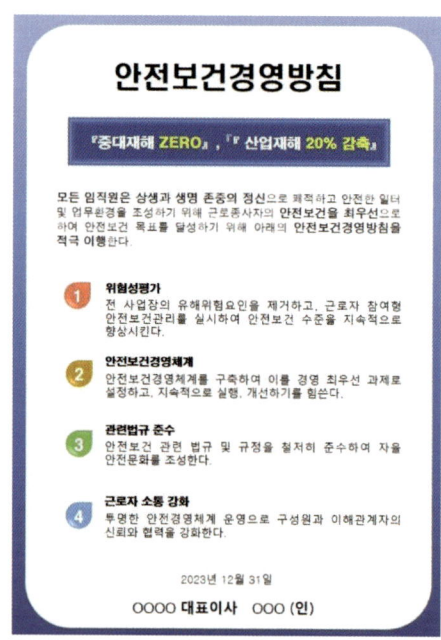

안전보건경영방침(예시)

기본적으로 모든 기업이나 연구소(원), 나아가 각 연구실은 안전보건에 관련한 경영방침과 목표를 설정하고, 이를 구성원들이 알 수 있도록 게시하여야 한다.

또한, 각 연구실의 특성에 맞는 안전관리 규정을 수립하여 잘 보이는 곳에 게시 또는 비치하여야 한다. 이 규정은 연구활동종사자가 수시로 확인하고 준수하도록 하여야 하는데, 규정이 너무 복잡하고 양이 많을 수 있으므로 중요한 사항은 별도로 요약하여 확인할 수 있는 방법을 고민해 볼 필요가 있다.

일상안전점검은 연구활동종사자 중 한 명을 지정하여(또는 매일 제일 먼저 입실한 연구활동종사자로 하여) 연구활동 시작 전에 실시하여야 한다. 즉, 연구활동에 사용되는 실험 기자재(기계·기구·전기기기 등)와 실험 재료(화학물질·가스 등)에 대한 이상 유무 확인과 보호장비의 관리 실태 등 실험실에 대한 전반적인 상태를 실험 시작 전에 반드시 점검하여야 하며, 만약 불량한 항목이 발견될 시에는 빠른 조치를 취하여 안전을 확보하여야 한다.

일상안전점검 일지에는 점검결과와 함께 점검자 및 연구실책임자의 서명을 기재하여야 하며, 최근에는 일지를 전산화하여 기록 및 보관하기도 한다. 다만, 전산화한 경우 일일 단위의 점검이 될 수 있도록 log 기록을 반드시 남기도록 한다.

연구실은 안전하고 원활한 연구활동을 위한 공간이므로 이곳에서 취침, 취사, 흡연 등의 행위가 발생하지 않도록 한다. 특히, 대학교 연구실에서의 위반 행위가 많으므로 이에 대한 검토와 개선이 필요하다. 또한 일부 대학교의 연구실 공간 부족 현상으로 인해 발생되는 사무공간과 연구공간 미분리 문제는 반드시 해결해야 하는 문제로 연구 주체의 장에 의한 종합적인 검토와 해결이 필요하다.

끝으로, 연구활동종사자들의 불안전한 행동 등 휴먼 에러(Human Error) 요인을 사전에 방지하기 위해서 정리 정돈 및 청소는 필수이다. 연구실 이동 통로에 불필요한 물품 등의 장애물이 없도록 하며, 연구활동 후 실험 기자재나 실험 재료 및 폐기물 등이 남지 않도록 주기적으로 청소하여 청결한 청소 상태를 유지하도록 한다. 연구활동에 방해가 되거나 위험한 요소가 없는지 주기적으로 확인하고 개선하여 만일의 사고에 대비할 수 있도록 한다.

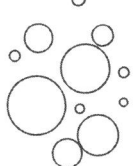

일반안전
가이드_01

연구공간 분리 및 연구실 내
취사/취침/흡연 금지

연구활동 중 발생할 수 있는 사고의 영향을 최소화하기 위하여 사무실, 회의실, 휴게실 등 실험을 수행하지 않는 일반공간은 연구 공간과 분리하여 안전성을 확보하여야 한다.

또한 연구활동 중 발생할 수 있는 유독물질의 증기에 의한 일반 공간으로의 오염을 방지하기 위하여 출입문은 항상 닫힌 상태를 유지하고, 야간 등 연구활동종사자가 이용하지 않을 때에는 사고 및 도난 등의 예방 목적으로 시건장치(자물쇠, 카드키 등)를 통해 출입을 제한한다.

연구실 내에서 취사행위 시 오염원 섭취 및 취사도구 사용에 의한 화재발생 등의 위험성이 있으므로 출입문에 '음식물 반입 금지' 표지를 부착하거나, 취사도구를 보관하지 않는다. 특히, 연구실에서 사용하는 냉장고에 시약과 음식물을 혼재하여 보관하는 경우 화학물질 침착 및 오취식 우려가 있으므로 음식물의 보관을 금지하고 냉장고 내 보관 시약의 현황을 작성하여 게시하도록 한다.

연구실 내에서의 취침행위 또한 화학약품 흡입 등의 위험성이 있으므로 반드시 금지하여야 하며, 부득이 밤샘 실험 등이 필요한 경우를 대비하여 별도의 휴게공간을 확보하는 것이 좋겠다.

아울러, 연구실은 가연성 시약 및 가스류 등을 취급하는 장소이므로 발화 위험성 및 사고 영향력이 증대될 수 있기 때문에 연구실 내 흡연행위는 엄격히 금지한다.

보행통로 장애물
제거 및 안전구획

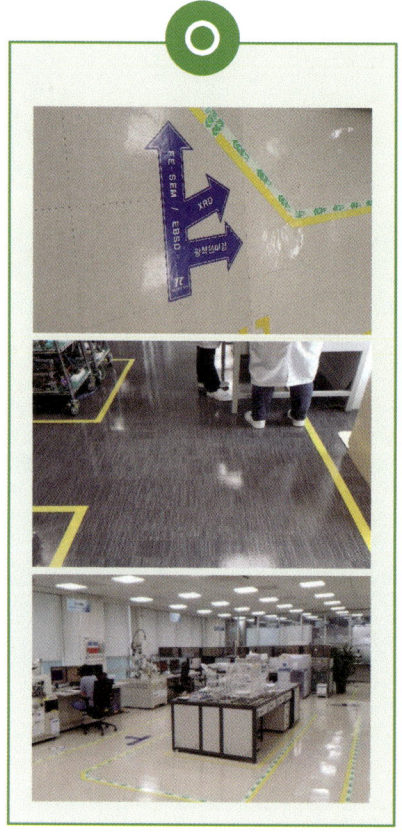

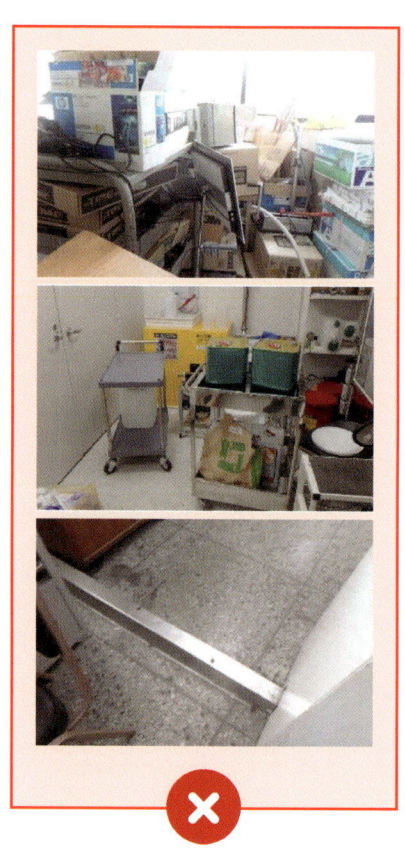

연구실 안전 따라 하기

연구실 내 보행통로에 실험기자재, 집기비품, 화공약품 등의 위험물질 및 기타 물품 등을 방치하여 일반 보행 또는 피난 대피 시 안전사고가 발생할 수 있다. 이러한 사고 발생을 예방하기 위하여 상시 정리 정돈을 실시하고, 안전한 보행이 가능하도록 공간을 확보하여야 한다.

또한, 시약운반 등의 목적으로 연구실 내 통로 보행 중 문턱 등에 의한 전도사고가 발생하지 않도록 문턱을 제거하거나 경사로 형태의 안전덮개 등을 설치하여야 한다.

아울러, 바닥에는 안전구획을 표시하여 작업공간과 보행구간을 구분하여야 한다. 즉, 안전구획선을 기준으로 구획선 안쪽으로 연구활동종사자가 들어가지 말아야 하고, 밖의 보행구간에는 장애물이 없도록 하여야 한다.

안전구획을 표시하는 방법은 주로 테이프를 사용하여 바닥에 부착하는 방법을 사용하며, 피난유도표지와 같이 부착하는 것을 추천한다.

건축법 시행령에 따른 피난통로의 폭(너비)은 1.5m 이상을 확보하여야 하고, 피난통로는 도로나 공지로 연결되어 신속히 피난이 가능하도록 하여야 한다. 참고로, 단독주택의 경우 피난통로의 폭은 0.9m 이상을 확보하여야 하며, 바닥면적의 합계가 500제곱미터 이상인 문화 및 집회시설, 종교시설, 의료시설, 위락시설 등은 3m 이상이어야 한다.

실험기기 및 시약보관
주변 정리 정돈

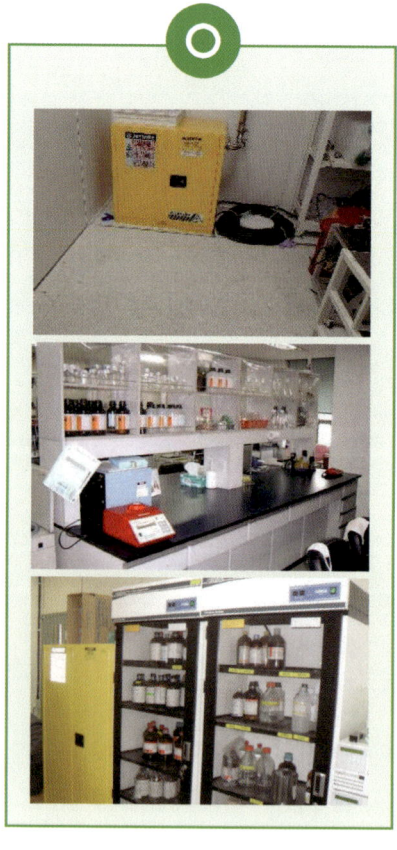

고온에서 작동하는 실험기기 주변이 정리가 불량하다면 화재가 발생하기 쉽고, 실험기기 부속품 등에 의한 안전사고 발생 위험이 있으므로 반드시 정리 정돈을 실시하여 청결 상태를 유지하여야 한다.

아울러, 고온 실험기기 등 위험성이 높은 실험기기 주변에는 안전구획을 표시하여 불필요한 물품 등이 방치되지 않도록 한다.

시약 보관장소가 아닌 곳(연구실 바닥, 선반, 흄후드 내부, 싱크대 하단, 실험테이블 서랍 등)에 장기간 시약을 방치하여 안전사고가 발생하는 일이 종종 생기므로 반드시 시약은 지정된 장소에 보관한다.

시약은 보통 액체 상태나 고체분말 상태로 유리병, 플라스틱 용기 등에 담겨 사용하므로 보관장소 외에 방치하는 경우 부주의에 의한 부딪힘, 충격 등에 깨지기 쉽고 외부로 누출되어 오염 등의 사고로 이어질 수 있다. 따라서 시약의 보관장소는 취급하는 시약의 위험성을 고려하여 시약캐비닛 등에 구분하여 보관하고, 장기간 미사용 시약은 별도의 시약보관창고 등에 보관하는 것을 권장한다.

한편, 시약은 대개 단일물질로 구성되어 있어 원칙적으로 유통기한이 없으나 유통기한이 표기되어 있는 시약도 있으므로 기한 내에 사용하거나 기한이 경과된 시약은 폐기하고, 가급적 오래된 시약은 여러 원인에 의해 변형이 되었을 수 있으므로 일정기간 경과 후에는 폐기하는 것이 좋다.

연구실 안전시설 조성 및
일상점검 실시

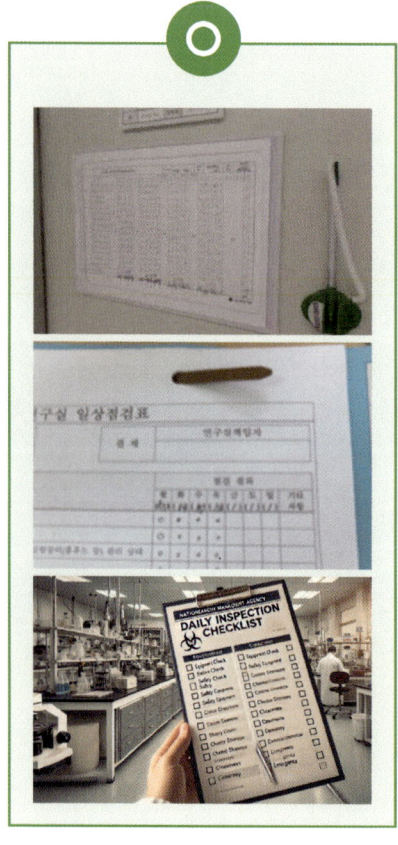

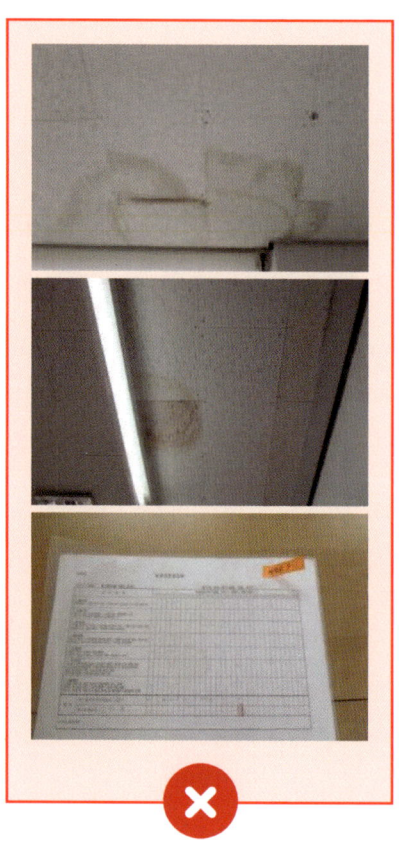

연구실 안전 따라 하기

연구실의 주요 구조부(천장, 바닥, 벽 등)와 시설물은 연구활동에 위험이 없도록 항상 안전한 상태로 유지 및 관리하여야 한다. 이를 위해 건축물의 균열, 파손, 변형 등의 이상이 없도록 상시 예방조치를 하고 변형 및 파손된 천장, 벽체 등은 즉시 조치하여야 한다.

통상 이러한 건축물의 이상 유무는 시설관리부서에서 정기적으로 수행하므로 연구실책임자를 비롯한 연구활동종사자의 관심 밖인 경우가 대부분이다. 그러나 연구활동은 물론 일상생활에도 위험을 미칠 수 있는 건축물의 이상 발생은 상시 연구실을 사용하는 연구활동종사자에 의해 가장 빠르게 확인할 수 있으므로 연구활동 중에 수시로 살펴보고 이상 확인 시 연구실책임자나 시설관리부서 등에 알릴 필요가 있다.

또한 연구실의 특성을 가장 잘 이해하고 있는 연구실 책임자는 해당 연구실에서 일어날 수 있는 각종 위험 상황 등을 사전에 파악하여 체크리스트를 작성하고 연구활동종사자로 하여금 매일 연구활동 시작 전에 일상점검을 실시하고 조치가 필요한 사항은 즉시 조치하도록 한다.

일상점검 결과는 기록 관리하며, 단순히 형식적인 체크가 되지 않도록 한다. 경우에 따라서는 시스템을 활용하여 On-line상에서 등록하여 관리하기도 한다.

연구실 출입구 등에
안전정보 게시 및 비치

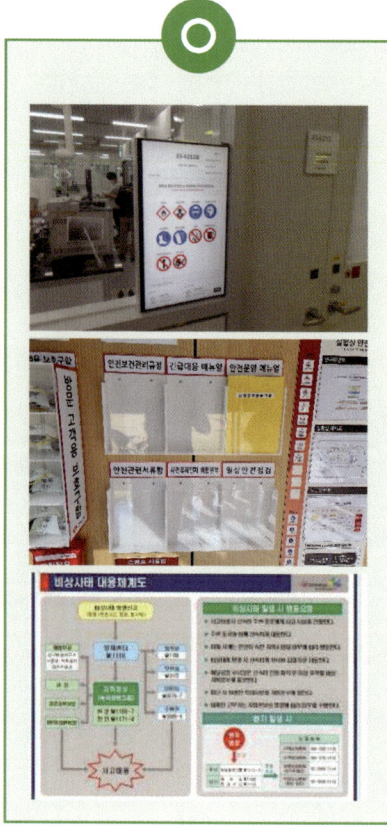

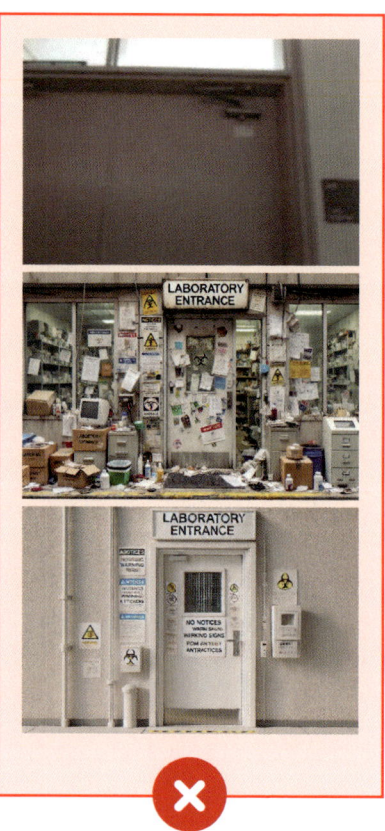

연구실 출입구와 같이 연구활동종사자 및 불특정 출입 인원들이 보기 쉬운 장소에 다음의 안전정보를 게시하거나 비치한다.

먼저, 출입구 밖에서 연구실로 들어가는 연구활동종사자 및 방문자의 안전을 확보하기 위하여 연구실 특성에 따라 출입 시 필요한 경고표지와 착용이 필요한 개인보호장비, 각종 유용한 정보(연구실 lay-out, 비상연락망 등)를 출입구 또는 출입구 주변에 부착하여야 한다.

반대로, 출입구 안쪽에서 연구실 밖으로 나가는 공간이나 연구활동종사자가 보기 쉬운 장소에도 각종 안전정보를 게시하거나 비치하는데, 필수적으로 아래의 사항이 포함된 연구실 안전관리규정을 작성하여 게시 및 비치하여야 한다

① 안전관리조직체계 및 그 직무에 관한 사항 / ② 연구실별 안전관리담당자의 지정 및 그 책임과 권한의 부여 / ③ 주기적 안전교육의 실시에 관한 사항 / ④ 연구실 안전표식의 설치 또는 부착 / ⑤ 사고 발생 시 긴급대처 방안과 행동 요령에 관한 사항 / ⑥ 사고조사 및 후속대책 수립에 관한 사항 / ⑦ 그 밖의 안전관리에 관한 사항

또한 연구실 내에서 발생할 수 있는 사고를 사전에 파악하여 사고별 대응 절차를 수립한 후 출입구 등 연구활동종사자가 확인 가능한 곳에 게시하여 이를 숙지할 수 있도록 한다. 아울러, 비상 상황별 관련 담당자와의 연락을 신속하게 하고 대응조치가 가능하도록 비상연락망을 연구실 출입문 등에 부착하고 연락번호는 항상 최신화하도록 한다.

사전유해인자위험분석
실시 및 게시

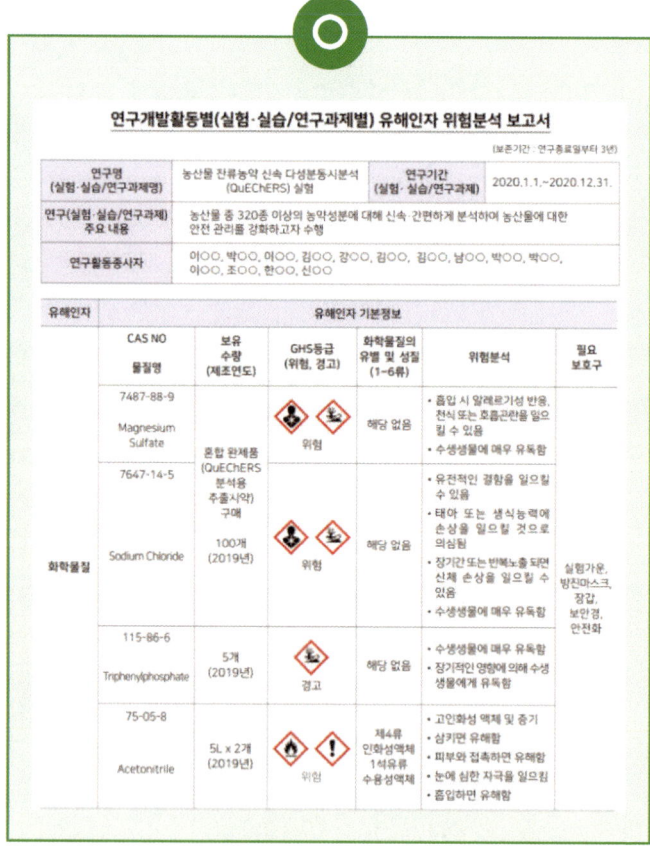

연구개발활동별(실험·실습/연구과제별) 유해인자 위험분석 보고서

(보존기간 : 연구종료일부터 3년)

연구명 (실험·실습/연구과제명)	농산물 잔류농약 신속 다성분동시분석 (QuEChERS) 실험			연구기간 (실험·실습/연구과제)	2020.1.1.~2020.12.31.	
연구(실험·실습/연구과제) 주요 내용	농산물 총 320종 이상의 농약성분에 대해 신속·간편하게 분석하여 농산물에 대한 안전 관리를 강화하고자 수행					
연구활동종사자	이〇〇, 박〇〇, 여〇〇, 김〇〇, 강〇〇, 김〇〇, 김〇〇, 남〇〇, 박〇〇, 백〇〇, 이〇〇, 조〇〇, 한〇〇, 신〇〇					

유해인자	유해인자 기본정보					
	CAS NO 물질명	보유 수량 (제조연도)	GHS등급 (위험, 경고)	화학물질의 유별 및 성질 (1~6류)	위험분석	필요 보호구
화학물질	7487-88-9 Magnesium Sulfate	혼합 완제품 (QuEChERS 분석용 추출시약) 구매 100개 (2019년)	위험	해당 없음	• 흡입 시 알레르기성 반응, 천식 또는 호흡곤란을 일으 킬 수 있음 • 수생생물에 매우 유독함	실험가운, 방진마스크, 장갑, 보안경, 안전화
	7647-14-5 Sodium Chloride		위험	해당 없음	• 유전적인 결함을 일으킬 수 있음 • 태아 또는 생식능력에 손상을 일으킬 것으로 의심됨 • 장기간 또는 반복노출 되면 신체 손상을 일으킬 수 있음 • 수생생물에 매우 유독함	
	115-86-6 Triphenylphosphate	5개 (2019년)	경고	해당 없음	• 수생생물에 매우 유독함 • 장기적인 영향에 의해 수생 생물에게 유독함	
	75-05-8 Acetonitrile	5L x 2개 (2019년)	위험	제4류 인화성액체 1석유류 수용성액체	• 고인화성 액체 및 증기 • 삼키면 유해함 • 피부와 접촉하면 유해함 • 눈에 심한 자극을 일으킴 • 흡입하면 유해함	

연구실 책임자는 연구실의 유해인자에 대한 실태를 파악하고 이에 대한 사고예방 등을 위해 연구실 안전현황 분석, 연구개발 활동별 유해인자위험분석, 연구실 안전계획, 비상조치계획 등이 포함된 사전유해인자위험분석을 실시하여야 한다. (단, 「화학물질관리법」 제2조제7호에 따른 유해화학물질, 「산업안전보건법」 제104조에 따른 유해인자, 「고압가스 안전관리법 시행규칙」 제2조제1항제2호에 따른 독성가스를 취급하는 연구실에 한함)

이러한 사전유해인자위험분석은 연구실 책임자 혼자나 일부 연구활동종사자에 의해 단편적으로 하는 것이 아니라 연구실 책임자 주관하에 해당 연구실의 연구활동종사자와 연구실 안전환경관리자 등이 참여하여 심도 있게 진행하여야 한다.

이렇게 작성된 사전유해인자위험분석 보고서를 연구실 책임자는 출입문 등 쉽게 볼 수 있는 장소에 게시하여 연구활동종사자가 위험성을 인지할 수 있도록 하고, 연구활동종사자도 수시로 보고서를 확인하여 위험성에 대한 인지와 대응이 가능하도록 하여야 한다.

또한, 사전유해인자위험분석을 통해 도출된 안전관리 미흡 사항 중 당해 연도에 개선이 어려운 경우, 차년도 해당 연구실의 안전환경목표에 반영하여 관리할 필요가 있다.

2. 산업위생

산업위생은 연구활동종사자의 개인 위생과 건강에 관한 사항으로, 연구활동으로 유발될 수 있는 각종 질병과 재해 등에 대한 사전 예방활동이다.

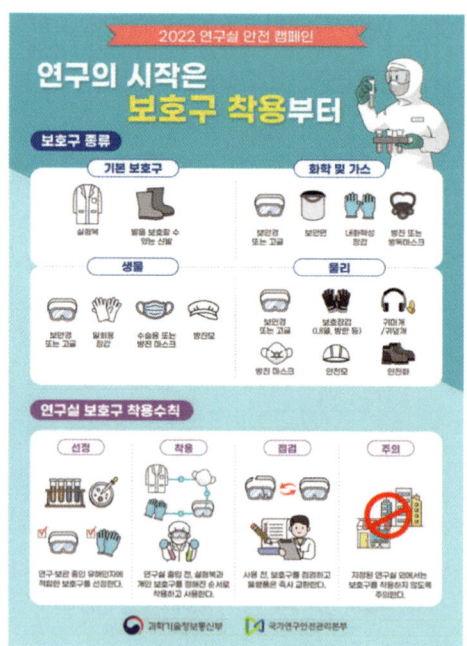

안전보호구 종류 및 착용수칙

연구실에는 연구활동 특성에 따라 발생 가능한 사고로부터 연구활동종사자를 보호할 수 있는 각종 보호장비를 비치하고, 보관 및 관리 상태 등을 정기적으로 확인하여야 한다. 안전보호구는 오염방지를 위해 개인별 지급 및 밀폐 보관함 사용을 권장하며, 안전보호구뿐만 아니라 응급조치용 구급함의 내용물 등은 수시로 점검 및 교체하여야 한다.

이러한 안전보호구의 적합한 착용을 위해 연구실 출입문 등에 산업 안전보건표지를 부착하여 연구활동종사자뿐만 아니라, 연구실 출입자에게도 알려야 한다. 다만, 안전보건표지상에는 안전보호구의 구체적인 사양까지 명시되어 있지 않으므로 해당 연구실의 위험성을 고려하여 적절한 안전보호구를 비치, 처음 방문하는 사람도 적합한 보호구 착용이 가능하도록 하여야 한다.

쾌적한 연구활동 환경조성 및 연구활동에 따른 질병 등의 발생을 예방하기 위하여 연구활동종사자는 상시 작업하는 장소의 조도, 소음, 바닥 및 작업면의 진동, 분진발생 수준 등을 종합적으로 측정하고 일정 수준을 유지할 수 있도록 관리하여 안정성을 확보하여야 한다. 특히, 평상시 연구실책임자의 각별한 관심과 확인이 요구된다.

적정 작업(연구활동) 환경 유지

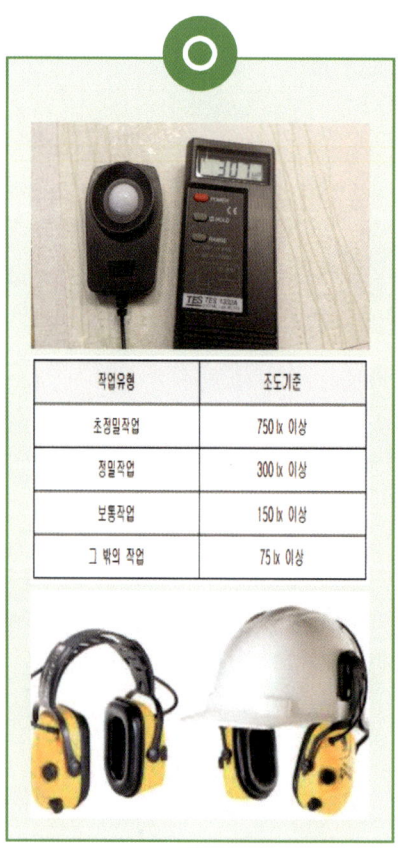

작업유형	조도기준
초정밀작업	750 lx 이상
정밀작업	300 lx 이상
보통작업	150 lx 이상
그 밖의 작업	75 lx 이상

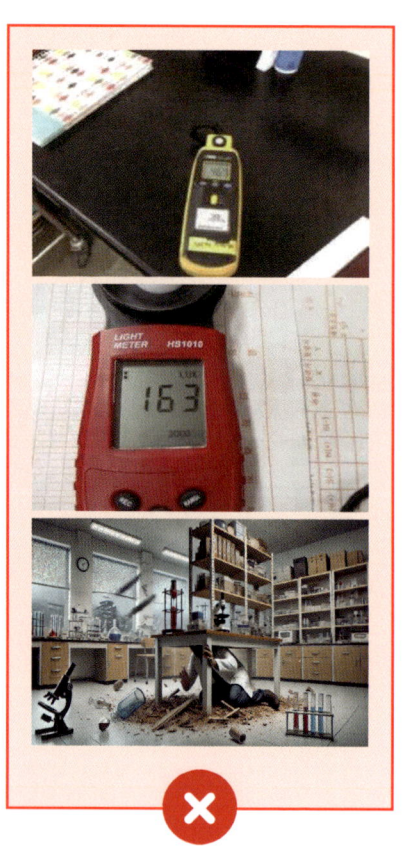

산업 안전 기준에 따르면, 작업공간 내 적정한 조도의 수준은 작업 유형에 따라 다르다(초정밀작업 750lx 이상, 정밀작업 300lx 이상, 보통작업 150lx 이상, 그 밖의 작업 75lx 이상).

통상적으로 연구실의 경우 유해인자를 주로 취급함에 따라 정밀작업 수준인 300lx 이상으로 조도기준을 정하는데, 암실이나 조도 확보가 불필요한 연구활동을 수행하는 연구실은 예외로 한다. 따라서, 적정한 조도를 유지하기 위해서 자연광을 확보하거나 고휘도 조명등 사용 및 조명기구를 추가 설치하는 등의 조치가 필요하다.

한편, 쾌적한 연구환경이 조성될 수 있도록 연구활동 중에 발생하는 소음이나 연구장비 등에 의해 반복적으로 소음이 발생하는 경우에는 방음장치 등을 활용하여 소음을 차단하거나 귀덮개/귀마개를 착용하여 연구활동종사자의 청력을 보호하여야 한다.

지진이나 연구활동에 사용하는 기계장치 등에 의해 발생하는 진동은 위험물이나 가스 등의 전도사고를 유발할 수 있으므로 이에 대한 사전 예방활동이 필요하다. 또한 연구장비 중 민감도가 높은 분석장비 등은 주변 진동에 의한 영향에 매우 민감하므로 이에 대한 적정한 조치(흡진장치 등)가 필요하다.

또한, 연구활동 중에 발생할 수 있는 먼지, 분진, 에어로졸 등은 집진설비를 설치하거나 공조시설을 통해 제거한다. 필터 등 집진설비에 대한 주기적인 유지관리가 필요하며, 분진(미세먼지)은 다중이용시설 기준 $150 \mu g/m^3$ 이하로 관리하고, 측정 대상은 전체 연구실로 하여 공기질 문제로 인한 건강상 장해가 발생하지 않도록 미연에 방지하도록 한다.

실험복, 안전화 및 안전장갑
착용 및 관리

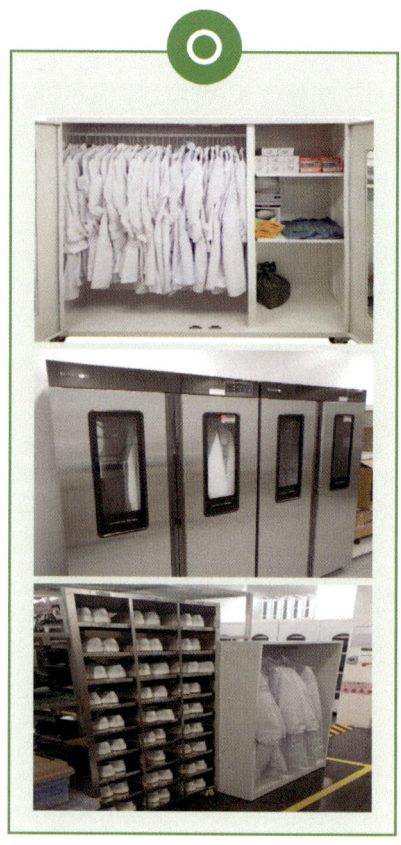

연구활동 중 유해물질이 피부에 직접 닿을 우려가 있으므로 신체를 보호하기 위해 연구실 내에서는 반드시 실험복을 착용하도록 한다. 이러한 화공약품과 같은 유해물질 외에도 기계류, 고온물체 등으로부터 1차적으로 신체를 보호하기 위한 방안으로 반드시 실험복을 착용하는 것이 좋겠다.

또한 실험복을 착용한 상태에서 식당 등 다른 장소에 출입하여 오염원의 간접 운반에 따른 오염이 발생하지 않도록 연구실을 벗어날 경우에는 실험복을 환복하도록 한다.

실험복은 실험장비 및 실험테이블 등에 방치하지 않도록 보관장소를 별도 지정하여 관리하며, 가능한 한 연구실 출입구 주변에 옷장 형태로 설치하여 오염을 방지하는 것이 좋다.

연구실 내에서 슬리퍼 착용 시 연구활동종사자의 부주의로 유해화학물질 누출에 의한 화상이나 날카로운 물체(또는 중량물) 낙하에 따른 찔림/끼임 등의 위험이 발생할 수 있으므로 발 앞부분이 막힌 실내화나 신발 덮개를 착용하여야 한다. 특히, 중장비를 사용하는 연구활동 중에는 밑바닥과 앞부분에 금속 등 안전조치가 되어 있는 안전화를 착용하는 등 각 연구실 특성에 맞는 안전화를 착용하여야 한다.

한편, 정밀한 연구를 요하는 크린룸 등에서는 연구활동에 영향을 미칠 수 있는 먼지, 정전기 등을 방지하기 위하여 제전화 등을 착용한다.

실험 중 화공약품 등 오염물질로부터 손을 보호할 목적으로 가장 많이 사용되는 안전장갑은 라텍스장갑이다. 라텍스장갑은 가격이 저렴하고 착용과 탈착이 간편하며 손에 잘 달라붙어 연구활동 중 손의 움직임이 자유로운 특성이 있지만, 얇고 잘 찢어지기 때문에 실험용 니들을 사용할 때 주의하여야 한다.

또한, 안전장갑은 용도에 맞는 것을 착용하여야 한다. 예를 들어, 전기작업에서 감전 위험을 예방하기 위해 착용하는 장갑은 A, B, C종으로 나뉘며 재질은 모두 고무이고 전압크기 및 전류방식(교/직류)에 따라 두께가 다르다.

이 외에도 액체질소를 취급할 때나 고온의 실험체 등을 취급할 때에도 용도에 맞는 장갑을 착용하도록 한다.

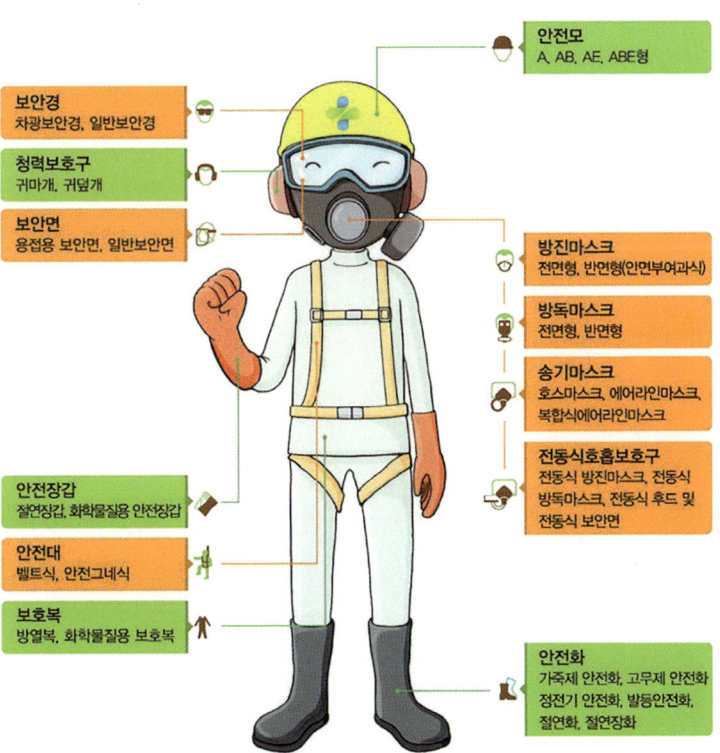

보안경
차광보안경, 일반보안경

청력보호구
귀마개, 귀덮개

보안면
용접용 보안면, 일반보안면

안전장갑
절연장갑, 화학물질용 안전장갑

안전대
벨트식, 안전그네식

보호복
방열복, 화학물질용 보호복

안전모
A, AB, AE, ABE형

방진마스크
전면형, 반면형(안면부여과식)

방독마스크
전면형, 반면형

송기마스크
호스마스크, 에어라인마스크,
복합식에어라인마스크

전동식호흡보호구
전동식 방진마스크, 전동식
방독마스크, 전동식 후드 및
전동식 보안면

안전화
가죽제 안전화, 고무제 안전화
정전기 안전화, 발등안전화,
절연화, 절연장화

머리 보호용 개인보호구
착용 및 관리

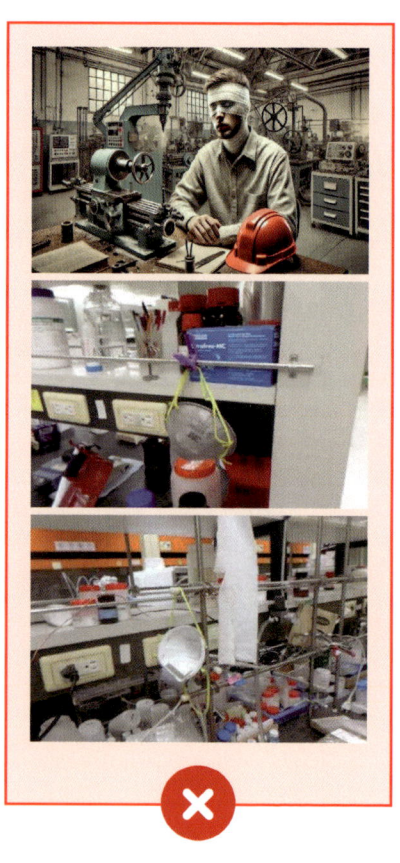

머리는 뇌를 비롯한 눈, 코, 입, 귀 등의 감각기관 등이 위치한 부분으로 인체에 매우 중요한 역할을 담당하는 만큼 이의 손상에 따른 영향은 매우 크다. 따라서 머리 부분에 대한 보호구는 그 기능을 충분히 발휘할 수 있는 것을 채택하여 알맞게 사용하여야 한다.

흔하지는 않지만 중장비를 취급하거나 추락·낙하의 위험이 있는 연구실에서는 안전모를 착용하여야 하며, 시편절단 등의 실험 중 발생할 수 있는 파편으로부터 눈을 보호하기 위해 고글 등을 반드시 착용한다.

앞서 설명한 소음이 발생하는 장소에서는 귀마개나 귀덮개를 사용하도록 한다.

무엇보다도 중요한 것은 호흡기 보호이다. 인체에 유해한 화공약품 등을 사용하는 연구실에서는 특성에 맞는 보호구를 개인별로 구분하여 구비하여야 하며, 이때 방문객 등을 위한 별도의 여유 보호구도 준비하도록 한다.

특히 방독마스크는 정상적인 기능 확보를 위하여 자체 폐기기준을 마련하거나 제조사 권장 사용기한을 준수하도록 한다. 또한 필터 등은 성능 저하가 있을 수 있으므로 주기적으로 교체 사용하고, 필터사용 개시일(또는 기한일) 등을 표기하여 사용한다.

보호구는 연구실 내에 방치하여 오염되지 않도록 전용 보관함 등 오염이 없는 곳에 보관하여 사용할 수 있도록 하며, 보관함에 보호구 수량 및 종류 등을 기입하여 관리하도록 한다.

흄후드, 국소배기장치
설치 및 관리

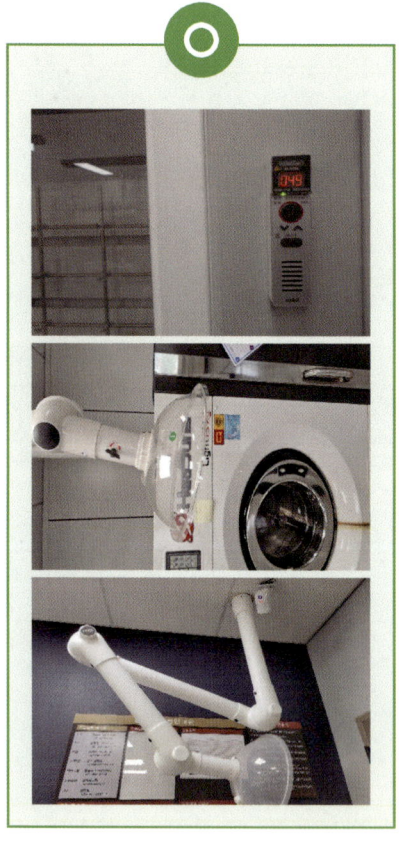

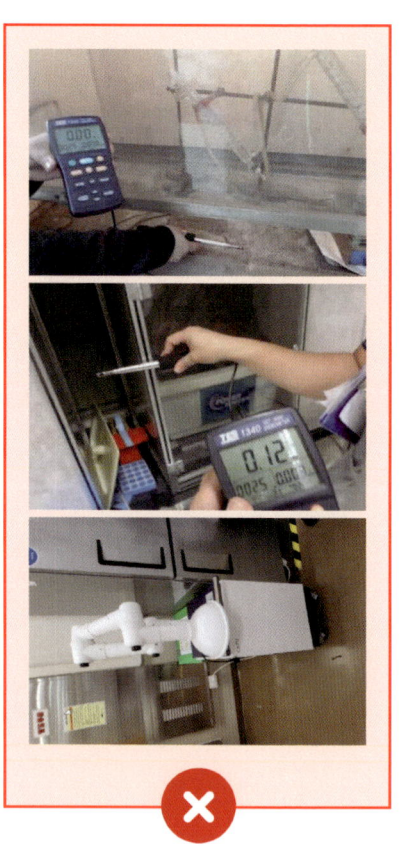

흄(Fume)은 승화, 증류, 화학반응 등에 의해 발생하는 연기로, 주로 고체의 미립자로 되어 있다. 미립자의 직경은 $1\mu m$ 이하로 미세하게 포집(捕集)하기는 어렵다. 연구활동 중 발생하는 흄에 의한 오염을 방지하기 위하여 연구실 내 흄후드를 설치하고, 반드시 흄후드 안에서 연구활동을 수행하도록 한다.

안정적인 흄의 제거를 위해서는 법정 기준 이상으로 유효풍속이 유지되도록 관리하고 정기적으로 점검하고 기록하여야 한다.

참고로, 흄후드의 제어풍속 성능시험은 분기 1회 이상 점검기관이나 연구실안전환경관리자 등이 측정하며, 흄후드 슬라이드를 평소 실험 시 위치에 놓고 측정기(열선풍속계)를 활용하여 측정한다. 측정은 각 흄후드별로 측정하여 흄후드에 부착되어 있는 점검표 등에 기록하고, 기준치를 벗어나는 경우 시설관리부서 등에 연락하여 조치하여야 한다.

한편, 흄후드 설치가 어렵거나 제한된 장소에서 국소적으로 유해화학물질을 취급하는 경우에는 연구실 내 유해물질이 정체될 가능성이 있으므로 연구활동종사자가 유해물질에 직접적으로 폭로되지 않도록 암후드나 환기설비를 설치하여야 한다.

암후드 등 국소배기장치도 흄후드에서와 같이 적정 유효풍속이 유지되도록 관리하도록 한다.

구급용품 비치 및 관리

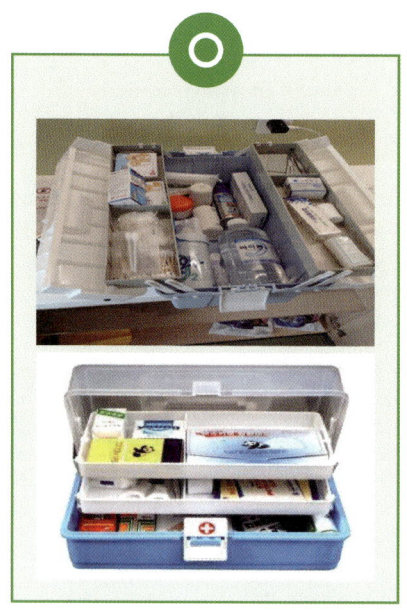

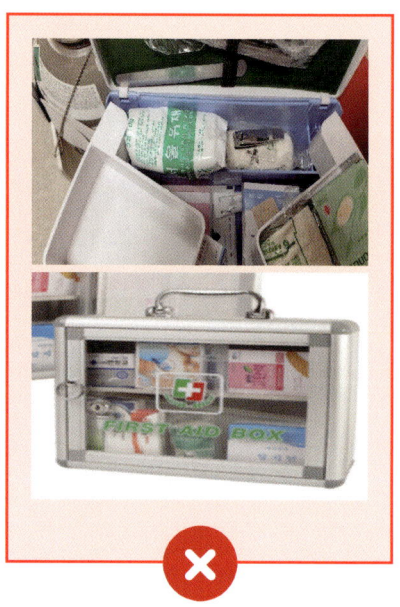

연구활동 중 재해에 의한 부상이나, 급성질병을 일으킬 경우가 발생하면 의료인에게 치료를 받기 전까지 응급조치가 필요하다. 이를 위한 기구, 약품 등을 구급용구함에 비치하고 그 비치장소와 사용방법을 연구활동종사자에게 주지시켜야 한다.

가능하다면 연구활동종사자 전원이, 여의치 않다면 연구실책임자나 연구실안전관리담당자는 CPR 등 응급처치를 할 줄 알아야 한다. 다만, 응급조치에 소요되는 시간으로 부상자의 병원 이송이 지체되면 안 되므로, 재해자가 발생하면 즉시 119에 신고한 후 구급차가 곧바로 이송할 수 있도록 재해자를 사업장 출입구 근처로 이동하거나 구급차를 안내하여야 한다.

구급용구함 내 비치품은 각 연구실의 특성에 맞게 구비하되 공통적으로는 붕대, 지혈대, 탈지면, 반창고, 핀셋, 소독약, 화상약 등을 구비한다. 또한 주기적으로 사용기한을 확인하여 유효기간이 경과한 비치품을 교체할 필요가 있다.

일반안전
가이드_12

안전보건표지 부착

연구활동종사자의 경각심 고취 및 안전사고 예방을 위하여 연구실 출입구, 실험장비 등에 산업안전보건법에서 정하는 안전보건표지(금지표지, 경고표지, 지시표지, 안내표지, 관계자 외 출입금지 표지)를 부착한다.

안전보건표지는 유해위험 시설 및 장소에 대한 경고, 비상시 조치에 대한 안내, 안전 및 보건의식 고취 등을 목적으로 하며, 안전보건표지의 종류와 형태, 설치, 제작 등은 산업안전보건법 시행규칙 제38~40조에 명시되어 있다.

안전보건표지를 설치하거나 부착할 때에는 흔들리거나 쉽게 파손되지 않도록 견고하게 설치 및 부착해야 하며, 야간에도 확인이 필요한 안전보건표지는 야광물질 등을 활용하여 쉽고 명확히 알아볼 수 있도록 하여야 한다.

최근에는 연구실 출입구에 간단한 모니터를 설치하고 안전보건표지를 비롯한 안전정보가 디스플레이 되도록 하는 경우도 많다. 이러한 경우 연구실 변동사항에 따른 정보수정이 용이하고, 무엇보다 시인성이 좋아지는 효과가 있다.

3. 기계안전

기계안전은 공작기계, 로봇 등을 사용하는 연구실에서 기계적 오류, 오동작 등에 의한 안전사고 발생을 사전에 예방하고 대처하여 재해로부터 연구활동종사자를 보호하는 활동이다.

기계 안전수칙

□ 자기담당 기계 이외의 기계는 움직이거나 손대지 말 것
□ 원동기와 기계의 가동은 직원의 위치와 안전장치의
  적정여부를 확인한 다음 작동할 것
□ 기계작동중 자리이탈시 기계를 항상 정지후 이탈 할 것
□ 정전이 되면 먼저 스위치를 끌 것
□ 기계를 끌 때는 스위치를 차단한후 완전히 정지 될 때까지
  기다려야하며 손이나 막대기로 정지시키지 말것
□ 기계를 청소할 때는 솔이나 막대를 이용하여 청소할 것
□ 기계작업자는 반드시 보호구를 착용할 것
□ 기계가동시 넥타이, 반지, 장갑, 소매긴옷 등은 착용
  하지 말 것
□ 고장난 기계는 "고장, 사용금지" 표지를 반드시 부착
  할 것
□ 기계는 일일이 점검하고 사용전에 반드시 이상유무를
  점검하고 사용할 것

기계 안전수칙

기계를 이용하여 실험하는 과정에서 연구활동종사자의 취급 부주의 등으로 인한 안전사고를 예방하기 위해 기계설비별로 필요한 안전장치(방호장치, 안전덮개 등)를 설치하여야 한다. 또한, 설비의 이상 발생 시 신속한 전원 차단이 가능하도록 조작하기 쉬운 위치에 비상정지버튼을 설치하여야 한다.

안전장치 설치 등 설비적 예방대책 외에도 기계설비의 위험성에 대한 주의 · 경고 · 지시표지 등을 부착하여 연구활동종사자가 설비 조작 시 위험성을 사전에 인지하여 적절한 보호구를 착용하고 작업할 수 있도록 하여야 한다.

또한, 기계설비마다 사용설명서, 표준안전작업방법 및 작업안전수칙 등을 제정하여 설비 표면 또는 눈에 잘 띄는 곳에 부착하여야 하며, 연구활동 시작 전에 반드시 숙지하게 한 후 작업에 임할 수 있도록 하여야 한다.

기계설비를 가동하기 전에는 이상 유무를 반드시 체크하고, 이상이 발견될 시에는 즉시 조치한 후 가동하여야 한다. 실험가동 중에는 연구활동종사자가 자리에서 이탈하지 않도록 하며, 운전 중에 기계에서 이상한 소리 · 진동 · 냄새 등이 발생할 때에는 즉시 전원을 차단하고 이상 유무를 확인하여야 한다. 또한 산업안전보건법에서 지정하는 기계기구류(압력용기, 크레인, 프레스 등)는 정기적으로 안전검사를 실시하고, 안전인증필증을 발급받아 기계기구류의 눈에 잘 띄는 곳에 부착하여야 한다. 끝으로, 기계작업이 끝나면 기계설비의 각 부위를 정지 위치에 놓은 후 손질하고 점검을 실시한다. 이 밖에도 상시로 기계설비 주변의 정리 정돈을 실시하고, 연구활동 중 발생하는 부수물 등은 작업 종류 후 즉시 제거한다.

　최근 기술의 발전으로 실험용 자동화 공작기계나 로봇 등을 활용하는 경우가 증가하고 있다. 실험의 편리성이나 안정성 등을 고려하였을 때 매우 유용한 이점이 있는 반면, 연구활동종사자의 조작 실수나 프로그램 오류 등에 의해 사고로 이어질 수 있다.

　따라서 새롭게 도입되는 자동화 기계 등은 적절한 안전장치를 갖추는 것은 물론이거니와 안전수칙 및 SOP를 정립하고 준수하도록 하여야 한다.

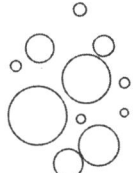

동력차단장치 또는 비상정지장치

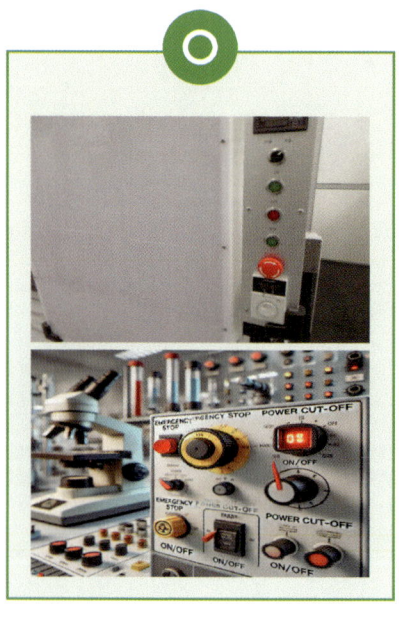

동력으로 작동되는 실험기계기구류에는 비상상황 발생 시 연구활동종사자가 즉시 작동을 멈추게 할 수 있는 동력차단장치 또는 비상정지장치를 설치하여야 한다. 이들 장치는 연구활동종사자가 작업위치를 이동하지 않고 바로 조작할 수 있는 위치에 설치하는 것이 좋으며, 조작이 쉬어야 하고 기능을 항상 유효한 상태로 유지해야 한다.

비상정지장치는 기계의 구조와 특성에 따라 적절한 형태로 선정해야 하며, 버섯형(돌출형) 누름버튼, 로프작동형, 복부 또는 무릎작동형, 보호덮개가 없는 페달형 등이 있다. 일반적으로는 식별하기 쉽고 즉시 조작이 가능한 적색의 볼록형이 주로 사용되고 있다. 간혹 비상정지장치의 위치를 찾기 어려워 지체되는 경우가 있을 수 있으므로, 비상정지장치 주위에 표시를 하여 쉽게 찾을 수 있도록 시인성을 높이는 것이 좋다.

또한 비상정지장치가 작동된 이후 수동으로 복귀시킬 때까지 자동으로 복귀되지 않아야 하고, 기계장치도 작동되지 않는 구조여야 한다.

안전덮개 및 방호장치 부착

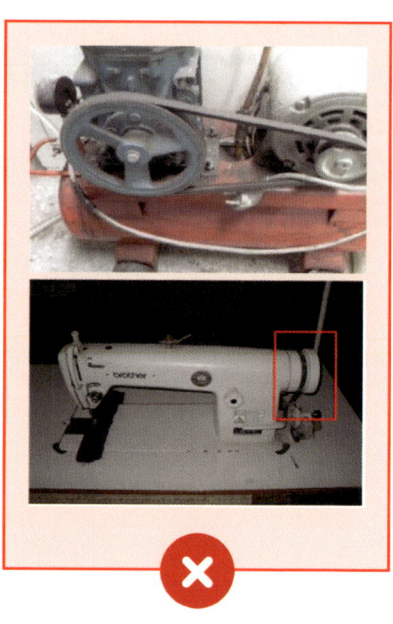

실험실에서 사용하는 기계류의 동력전달부에는 안전덮개를 설치하여 말림 등의 협착사고를 방지해야 한다. 또한 톱날 접촉부위 등에도 안전덮개를 가변식으로 장착하여 연구활동종사자의 상해를 방지한다.

드릴 등의 작업 중 피가공물을 손으로 잡고 작업을 하면 회전하는 드릴 날에 장갑 낀 손이 말려들 위험 등이 있으므로 피가공물을 고정할 수 있는 바이스(vice)를 설치하고 사용한다. 또한 기계설비는 움직이지 않도록 바닥이나 테이블에 견고하게 부착하여야 한다.

드릴, 연삭기 등의 작업 중 회전부에 방호덮개를 설치하지 않아 칩 비산에 의한 연구활동종사자의 안구손상이나, 날접촉예방장치 덮개가 없어서 손가락 상해 등이 발생할 위험성이 있으므로 투명한 재질의 방호덮개 또는 방호울을 설치하여 사용하는 것이 필요하다.

간혹 작업에 불편하다는 이유로 안전덮개 또는 방호장치를 제거하여 사용하는 경우가 있는데, 이런 안일한 생각이 인사사고로 이어질 수 있음을 명심하여야 한다.

추락방지설비 설치

연구활동 중 자주 사용하지는 않지만 일정 높이 이상의 작업이 필요할 때, 이동식 사다리를 사용하는 경우가 종종 있다. 이때 이동식 사다리 양단에 전도방지장치 및 아웃트리거를 설치하여 사다리가 넘어지거나 미끄러져 발생할 수 있는 안전사고를 미연에 방지하여야 한다.

연구시설물의 크기가 큰 경우 연구활동종사자가 높이 올라야 하는 경우가 있는데, 이런 경우 추락 등의 위험을 방지하기 위하여 안전 난간대를 설치하여야 한다. 안전 난간대에는 재료마다, 구조마다 상이한 점이 있으므로 재료, 구조, 치수, 허용응력 등에 대한 자세한 사항은 산업안전보건법령을 참고한다.

한편, 고용노동부 발표에 따르면 매년 전체 산업재해 사망자 중 떨어짐에 의한 사망자가 40~50% 수준이며, 1~2m의 비교적 낮은 높이에서의 사망자가 대다수라고 한다. 따라서 낮은 높이라고 방심하지 말고, 반드시 안전수칙을 준수하여야 한다.

로봇 안전방책

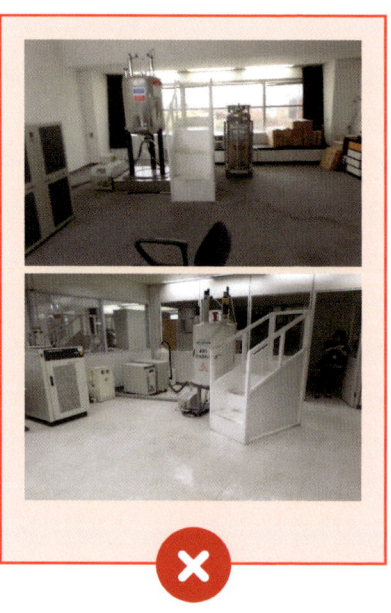

최근 로봇을 이용한 산업이 발달하면서 이에 대한 연구 또한 활발하다. 따라서 연구활동종사자가 로봇 등을 이용하는 연구실이나 로봇을 개발하는 연구실 내에서는 인체에 영향을 미치는 작동범위를 고려하여 높이 1.8m 이상의 안전방책을 설치하고 안전매트, 광전자식 방호장치를 설치한다. 또한 연동장치를 설치하여 출입문 개방 시 로봇 작동이 정지되도록 조치하며, 비상시 로봇의 작동을 정지시키는 비상정지장치를 설치해야 한다.

연구활동종사자는 로봇 가동 전, 전선 피복 등 손상된 부분이 없는지와 방호장치 및 비상정지장치가 정상 작동하는지 확인하여야 한다. 이 밖에도 개발을 위한 정비, 수리, 청소 등을 하는 경우에는 반드시 전원을 차단한 상태에서 기동 스위치에 별도의 '조작금지' 표시를 한 후 진행하도록 한다.

즉, LOTO(Lockout, Tagout)는 사고를 유발할 수 있는 장비의 수리나 정비, 청소 등을 수행하기 위해 잠금장치(Lockout), 표지판(Tagout)을 설치하는 반드시 필요한 조치이다.

정품사용 및 안전검사

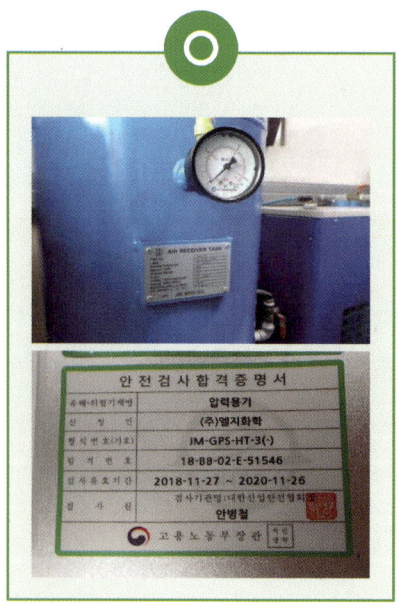

위험성이 높은 기계기구류일수록 정품을 사용하고, 수리 또는 부속품 교체 시 반드시 정품을 사용하여 사고를 미연에 방지하여야 한다. 특히 중량물을 취급하는 기계기구류는 대형사고를 유발할 수 있으므로 정품 여부를 반드시 확인하도록 한다.

정품을 사용하여 수리 등을 한 경우에는 교체한 부속품의 내용연한을 확인하고, 교체한 일자 등을 기록 · 관리하는 것이 좋다. 특히 소모성 부품인 경우에는 교체주기를 정하여 정기적인 점검과 더불어 부품교체를 통해 사고를 예방하도록 한다.

일반 산업현장에서와 마찬가지로, 연구실 내에서 사용하는 프레스, 압력용기, 산업용 로봇, 공작기계 등은 사고발생 시 피해 강도가 클 수 있으므로 안전성능 등에 대한 KCS(Korean Certification Safety) 인증(안전인증, 자율안전확인신고)을 받은 것을 사용하여야 한다. 또한, 장기간 사용하면 파손위험 등이 있으므로 주기적으로 안전검사를 하도록 법(산업안전보건법 제84조, 제89조, 제93조)으로 정해져 있으므로 이를 준수하여야 한다.

안전수칙 및
작동매뉴얼 비치 및 준수

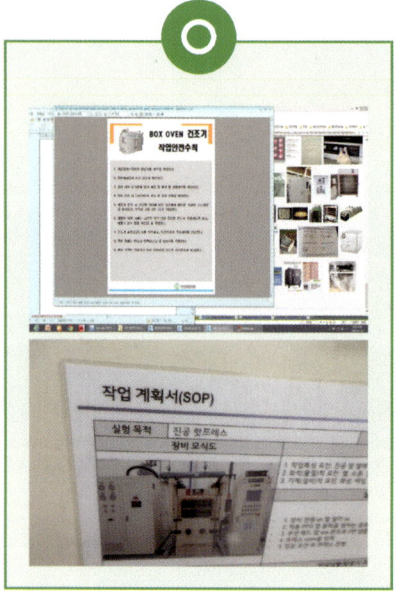

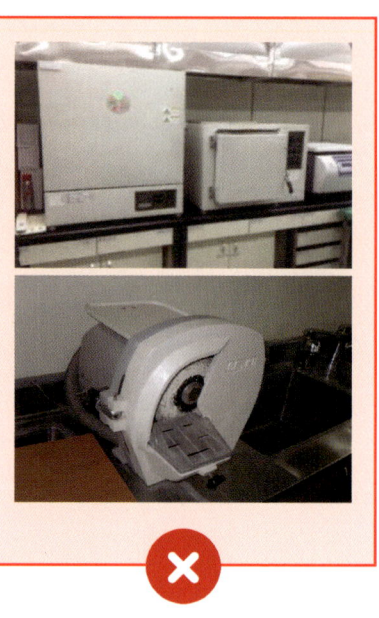

연구실에는 다양한 종류의 실험용 기계기구들이 있으며, 이들은 특정 위험성을 내포하고 있다. 따라서 연구실 내 실험장비별로 위험성을 알리는 안전보건표지나 안전수칙을 부착하여야 한다. 즉, 안전보건표지나 안전수칙이 미부착된 상태의 기계기구류를 사용하는 경우, 연구활동종사자가 위험성을 간과하여 감전, 화상, 동상, 말림, 끼임 등의 안전사고를 당할 수 있다.

또한 안전장치를 적용하였더라도 실험용 기계기구의 정상적인 작동방법을 무시한 경우, 사고의 위험성은 높아질 것이다. 특히 실험용 기계기구를 처음 다루어 보거나 조작이 서툰 연구활동종사자의 경우 사고를 당할 가능성이 높기 때문에 반드시 기계기구 주변에 작동매뉴얼을 비치해 두고 숙지 후 작동하도록 한다.

실험용 기계기구 취급 시 위험성을 알리는 안전보건표지 및 안전수칙을 부착하고 작동매뉴얼을 비치하였다 하더라도 이에 대한 위험성을 연구활동종사자가 인지할 수 있도록 정기적으로 안전보건교육 등을 통해 강조할 필요가 있다.

4. 전기안전

전기안전은 연구활동에 사용되는 전력의 안전하고 안정적인 공급을 위하여 적합한 용량의 전기기기 사용과 올바른 전선관리 등이 요구되는 안전요소이다.

전기 안전수칙

연구실에서 발생하는 전기사고는 크게 감전사고와 화재사고로 구분할 수 있다.

먼저, 감전사고는 누전에 의한 것으로 이를 방지하기 위하여 NFB(No Fuse Breaker), ELB(Earth Leakage Circuit Breaker) 등을 사용한다. 설치된 누전차단기는 정기적으로 점검버튼을 눌러 작동상태를 점검하여야 한다.

또한, 연구실에서 사용하는 실험기기의 외함 미접지로 누설전류가 발생하여 감전사고를 유발할 수 있으므로 연구활동종사자의 접촉 우려가 높은 금속제 실험기기 외함에는 접지를 하여 누전에 의한 감전사고를 미연에 방지한다.

전기화재는 주로 문어발식 콘센트 사용에 의한 과전류로 발생할 수 있으므로 전기용량 범위 내에서 사용한다. 접지형 전기콘센트 및 플러그를 사용하여야 하며, 전기콘센트는 벽체에 고정시키고 사용하지 않을 시에는 안전덮개를 사용하여 액체류나 이물질의 유입을 차단한다. 특히, 물을 사용하는 장소에는 방수형 콘센트를 사용하여야 한다.

실험실 바닥에 노출된 전선은 밟거나 걸려 넘어질 수 있고, 전선 내부가 손상되어 합선의 우려가 있으므로 덕트, 몰드 등의 전선보호용관을 사용하여 보호한다. 아울러, 전선피복을 파손시킬 우려가 있는 못·철사 등을 사용하여 고정하지 말고 전선보호용구를 사용하여 고정하여야 한다.

분전반은 비상시 개방하여 긴급조치가 가능하도록 분기회로별 사용부하를 확인할 수 있는 명판(Name Tag)을 반드시 부착하여야 하며, 분전반함 안쪽에 부하명 회로도를 작성하여 비치한다.

또한, 보호커버를 설치하여 접촉에 의한 감전사고가 일어나지 않도록 하여야 하며, 분전반 앞에는 불필요한 장애물이 방치되지 않도록 주기적인 점검을 통해 제거한다.

대부분의 연구장비는 전기를 동력원으로 사용하며, 실험이 복잡하고 대형화될수록 사용되는 전기의 양은 증가한다. 따라서 연구실에 인가된 전력량을 확인할 필요가 있으며, 과전류 등에 의한 전기 공급 중단은 실험 중인 연구성과물에 심각한 영향을 끼칠 수 있으므로 UPS(Uninterruptible Power Supply system, 무정전 전원장치) 등을 설치하여 이를 방지하도록 한다.

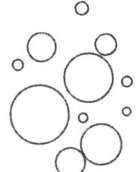

전선 정리 정돈 및 관리

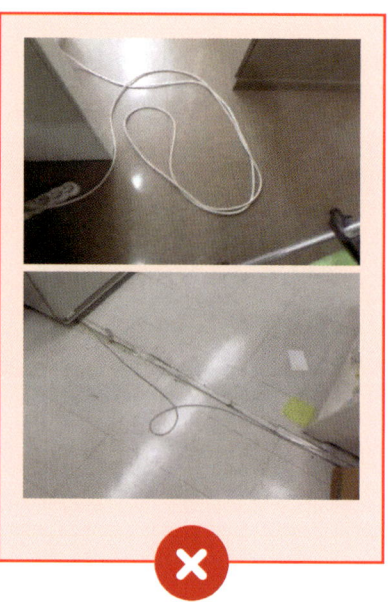

연구실에서 사용되는 전기 기계기구류의 전선 피복이 손상된 경우 전기안전사고가 발생할 수 있다. 대표적인 전기안전사고는 화재 및 감전으로, 사고의 피해 크기가 매우 크다.

전선 피복이 손상될 수 있는 원인은 물리적 외력(다른 물체에 의해 충격을 받거나 사이에 끼이는 경우 등)에 의한 경우가 대부분이며, 허용 전류 이상의 전류흐름이나 드물지만 외부 열원에 의해 피복이 경화되거나 녹아서 손상될 수도 있다.

연구실에서는 전기를 사용하여 다양한 실험기기를 작동시키는데, 실험기기의 설치, 이동, 제거 등이 빈번히 이루어지므로 멀티탭 케이블을 종종 이용한다. 이때 정리되지 않은 전선 방치는 앞서 설명한 피복손상의 원인이 되기도 하며, 이동 중 전도의 위험이 있다. 따라서 반드시 케이블타이 등을 활용하여 전선을 정리 정돈을 하고 배관이나 안전덮개 등을 이용한 배선공사나 몰딩 등으로 필요한 조치를 하여야 한다.

또한, 전선 피복의 노후화 및 손상 시에는 즉시 교체하도록 한다.

비인가 절연기구 사용금지

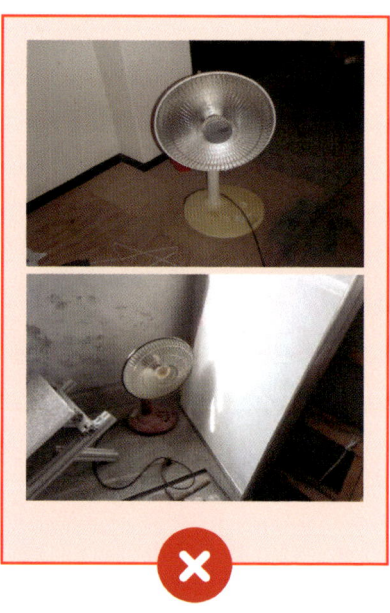

연구활동종사자는 실험 목적으로 또는 보온의 목적으로 비인가 절연기구를 사용하는 경우가 종종 있다. 그러나 연구실 내에는 각종 유증기 및 위험물이 존재하므로 발화원으로 작용할 수 있는 개인용 전열기구의 사용을 원칙적으로 금지한다.

다만, 기관의 전열기구 관리지침에 위배되지 않는 범위 내에서 사용을 검토하거나 연구실 내 방한처리 등을 통해 적정한 온도 유지를 하도록 한다. 이를 위해 안전관리부서에서 자체 전열기구 사용기준을 수립하여 공지하고, 기준에 맞는 전열기구를 승인 및 기준에 적합하게 사용하고 있는지를 수시로 확인하여야 한다(예, 승인 및 점검 스티커 활용 등).

또한, 전열기구는 대부분 고전력 전기기기이며 멀티탭 케이블을 사용할 경우 한 개의 케이블에 여러 개의 전열기구를 사용하는 경우가 많다. 이 경우 케이블의 전력용량을 초과하면 전기화재로 연결될 수 있으므로 여러 개의 전열기구를 같이 사용하지 않거나 멀티탭 케이블의 전력용량을 확인하여 사용하며, 반드시 과전류 차단 기능이 있는 멀티탭 케이블을 사용하도록 한다.

분전반 안전관리

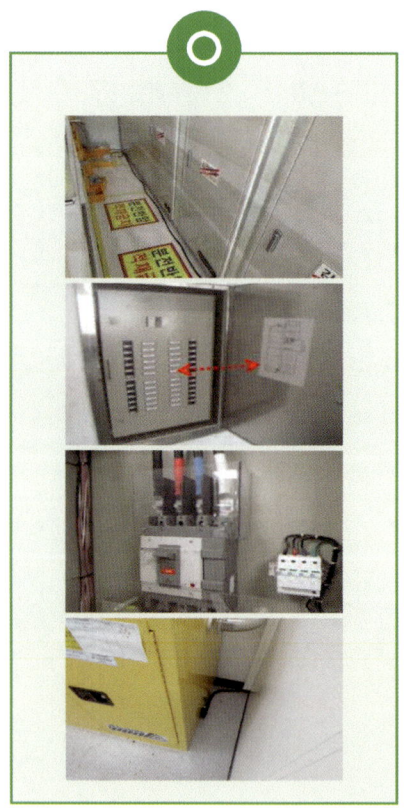

화재 등 긴급상황 시 전원을 차단하거나 복구가 필요한 경우, 분전반을 조작하여야 하므로 분전반 앞에 적재물이 방치되지 않도록 하여야 한다. 이를 위해 정기점검 및 정리가 필요하며, 화재나 감전사고 등의 위급상황 시 해당 차단기의 전원을 신속히 확인, 차단할 수 있도록 해당 회로명과 부하가 일치하도록 명판(Name Tag)을 부착하여 관리하여야 한다.

또한 전기 공급 구역에 대한 설비별 회로 구성을 쉽게 파악할 수 있도록 계통도 및 정격용량 등에 대한 정보를 작성하여 분전반 안쪽에 부착하도록 한다.

외부에 노출된 배선용차단기, 누전차단기 등은 부주의에 의한 감전사고의 위험이 있으므로 이를 예방하기 위하여 반드시 분전반 등 전용함에 내장하여 충전부가 노출되지 않도록 한다. 아울러 분전반 내 노출된 충전부 또한 신체접촉에 의한 감전사고의 위험성이 매우 크므로, 이를 예방하기 위하여 취급자 이외의 사람이 쉽게 접촉할 수 없도록 아크릴판 등 절연 성능이 있는 보호판 등을 부착하여 방호한다.

분전반은 감전의 위험이 크므로 분전반 외함을 반드시 접지하여 감전사고를 예방하여야 한다. 또한 연구활동종사자의 접촉 우려가 높은 실험용 전기 기계기구류의 금속제 외함도 미접지로 누설전류 발생 시 감전사고 발생 우려가 있으므로 접지를 하여 누전에 의한 감전 사고를 미연에 방지하도록 한다.

고용량 전기기기 사용 시 주의

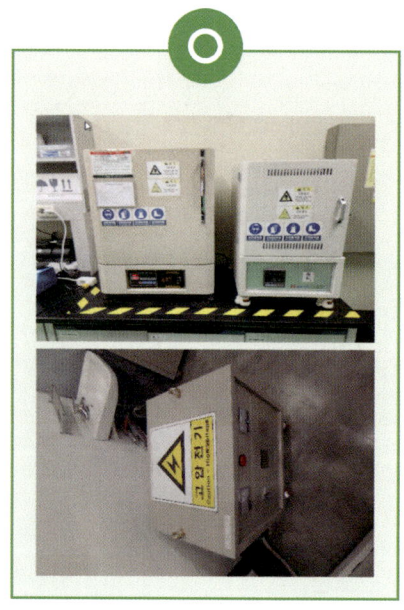

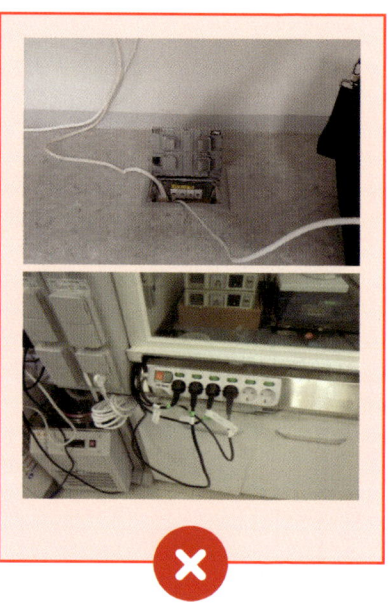

3.0kw 이상의 고용량 전기기기를 사용하는 경우 별도의 전용회로를 구성하고, 고용량기기 단독 콘센트를 사용하도록 한다.

이는 다른 전기기기와 같은 회로를 사용할 경우 허용전력 이상의 과부하가 발생할 수 있어 다른 전기기기의 용량 부족, 화재 등의 안전사고로 이어질 수 있기 때문이다.

또한 고용량 전기기기에서 발생하는 전자기파 등에 의한 간섭 등으로 다른 기기의 고장을 초래할 수 있으므로 고용량 전기기기는 반드시 단독회로 구성이 필요하고 가능한 다른 실험기기와 이격하여 설치한다.

콘센트 사용 시 주의

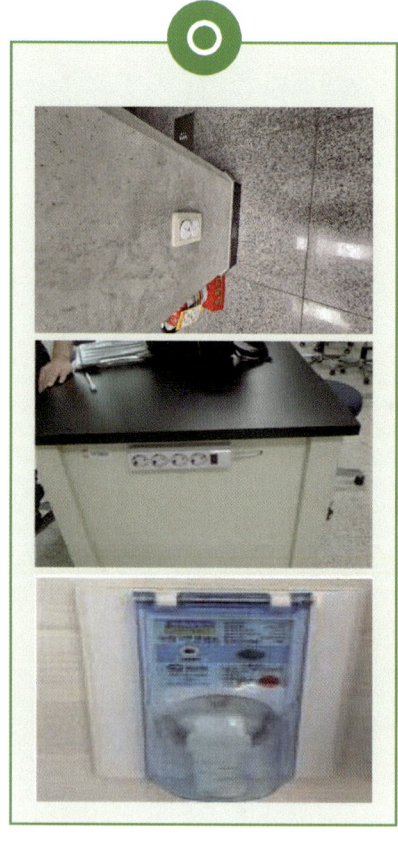

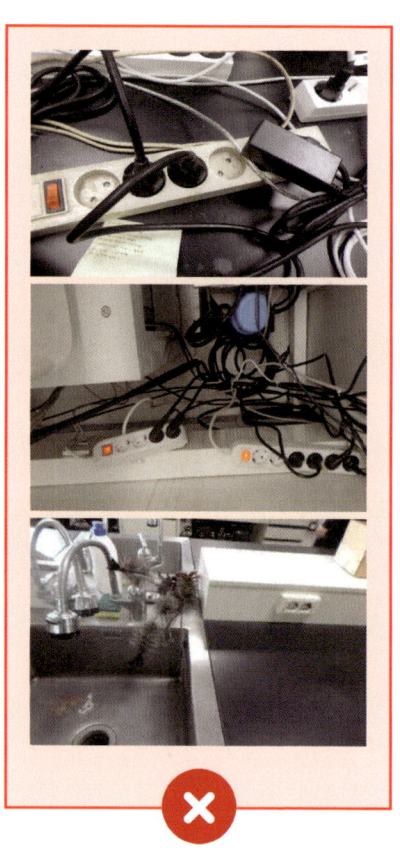

연구활동을 위한 전기기기의 사용이 많고, 공간활동 등의 이유로 콘센트가 부족할 수 있다. 이러한 이유로 멀티탭 케이블을 사용하는 경우가 많은데, 전기 안전사고를 대비하기 위하여 반드시 접지형 멀티탭 케이블을 사용하도록 한다.

연구활동종사자의 부주의에 의한 시약누출, 이물질 인입 등으로 단락, 감전 등의 위험이 있으므로 이를 최소화하기 위하여 콘센트나 멀티탭 케이블 케이블의 위치는 바닥보다는 가능하면 일정 높이 이상의 벽면에 부착하여 사용한다.

또한 미사용 콘센트에는 가능하면 플라스틱 소재의 안전덮개를 끼워 놓거나 방수형 콘센트를 사용한다. 특히, 실험 싱크대 주위에 전기콘센트가 근접해 있는 경우 감전에 의한 안전사고 우려가 있으므로 충분히 물과의 이격거리를 확보하거나 방수형 콘센트를 사용한다.

방폭전기설비 설치

연구실 안전 따라 하기

인화성가스를 취급하거나 유증기, 먼지, 분진 등의 위험물질이 발생하여 체류할 수 있는 연구실에서는 전기 스파크 등에 의해 화재·폭발사고의 위험이 있으므로, 전기 스파크 등이 점화원으로 작용하는 것을 방지하기 위해 방폭설비를 설치하거나 조작스위치를 연구실 외로 이동하여야 한다.

또한, 고압가스용기의 보관장소는 가급적 실험실 외부 별도의 공간에 마련하고, 역시 방폭전기설비를 갖출 필요가 있다.

고압가스 외에도 실험실 내에 제4류 인화성액체류와 같은 위험물을 보관할 때에는 방폭캐비닛을 설치하여야 하며, 이때 캐비닛은 반드시 접지를 하도록 한다.

다만, 방폭전기설비를 갖추어야 할 장소의 위험도를 고려하여 0~2종 장소로 구분한 후 장소별로 적합한 방폭구조를 갖추어야 한다(국제 전기표준 IEC 60079 등 참고).

5. 화공안전

화공안전은 연구활동에 사용되는 화공약품의 운반, 보관, 취급 과정 중 적정한 안전조치를 통해 화공약품에 의한 사고로부터 연구활동종사자를 보호하는 활동이다.

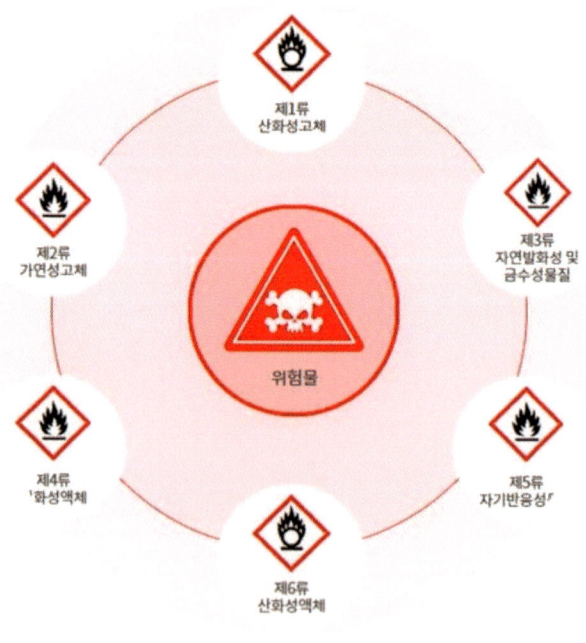

위험물의 분류

화공약품은 사고발생 시 대형사고가 우려되므로 각별한 주의가 요구된다. 따라서, 연구실에서 사용하는 화공약품 전체에 대한 물질안전보건자료(MSDS)를 눈에 잘 띄는 장소에 비치하여야 하며, 연구활동종사자가 이해하고 준수할 수 있도록 상시 교육 및 숙지가 필요하다. 물론 신규 화공약품(같은 화공약품이라도 제조사가 변경된 경우 포함)을 사용하기 전에는 반드시 별도의 교육을 실시하여야 한다.

또한, 화공약품 용기에는 경고표지를 부착하여야 하며, 조제시약 및 화학물질을 덜어 담아 사용하는 분액용기(시약병 등)에도 화학물질의 명칭, 유해·위험성에 대한 경고표지 등을 부착하여 사용하여야 한다.

화공약품은 시건장치가 되어 있는 밀폐형 환기시약장, 시약보관용 냉장고, 인화물질 보관 캐비닛 등에 보관 및 관리하여 관계자만 취급할 수 있도록 한다. 특히, 위험물안전관리법에서 정한 유별 특성(산화성, 가연성, 자연발화성, 금수성, 인화성, 자기연소성, 부식성 등)에 따라 분리 보관하여 혼촉발화 등의 사고를 방지하여야 한다.

또한, 화학물질대장에는 구입일, 사용량, 재고량, 폐기일 및 사용자 등을 기입하여 관리하여야 한다. 특히, 특별관리물질은 보관 및 사용 등 취급에 있어 별도의 관리가 필요하다. 시약은 필요한 양만큼 덜어서 사용하는 것을 원칙으로 하며, 연구실 내 방치 중인 시약은 즉시 시약장으로 옮겨 보관해야 한다. 또한, 미사용 장기보관 시약이나 사용기한 초과 약품은 다른 시약과의 반응 및 오염의 우려가 있으므로 즉시 폐기처리 한다.

시약장에는 전도방지 등의 조치가 되어 있지 않으면 연구활동종사자의 부주의로 인한 사고발생 우려가 크므로 큰 용기의 액체시약병은 파손 방지를 위해 바닥으로부터 일정 높이(약 60cm) 미만에 보관하고, 보관 위치가 일정 높이(1.5m) 이상일 때에는 안전한 위치로 이동시키거나 전도방지대를 설치하여야 한다.

실험과정에서 발생되는 폐액은 성질이 다른 폐액끼리 혼합되어 일어날 수 있는 사고(혼촉발화 등)를 미연에 방지하기 위하여, 성질별(산성, 염기성, 무기계 등)로 각각 분류하여 전용 폐액통에 보관한다. 폐액통은 주요 성분을 알아볼 수 있도록 반드시 관리표를 부착하여 통풍이 잘되는 장소에 보관한다. 또한 폐액통은 일정기간(또는 일정량)이 초과하면 즉시 처리하며, 회수 · 처리 시에는 유해물질이 유출되지 않도록 주의한다.

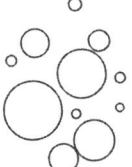

물질안전보건자료 및 경고표지

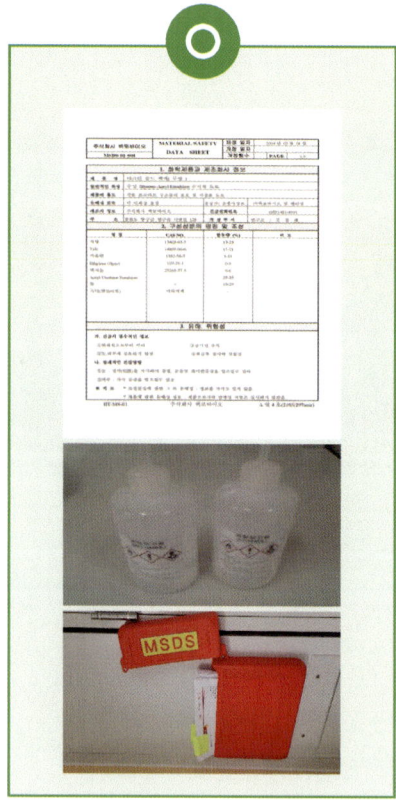

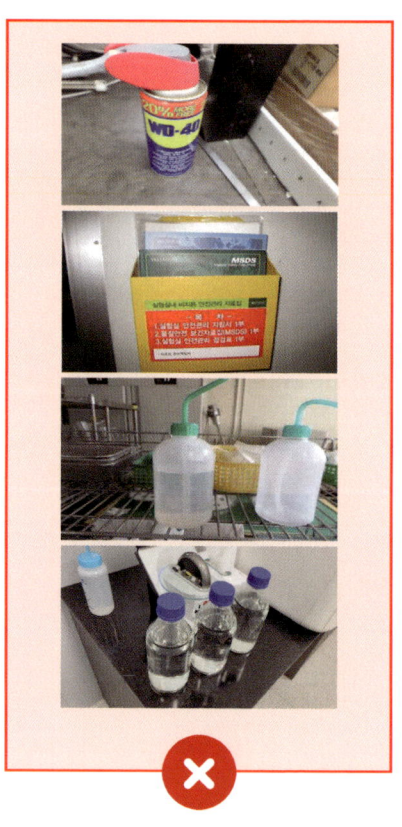

연구활동에 필요하여 연구실 내에 보유 중인 모든 화학물질(가스 포함)에 대한 물질안전보건자료(MSDS)를 눈에 잘 띄는 장소에 게시하거나 그 밖에 고용노동부 장관이 정하여 고시한 바에 따라 제공하여야 한다.

신규 연구활동종사자 또는 이동자 등에게 해당 연구실에서 사용 중인 화학물질에 대해 물질안전보건자료 교육을 실시하여야 하며, 필요에 의해 화학물질이 추가될 경우에도 전체 연구활동종사자를 대상으로 교육을 실시하여야 한다.

상업용 시약 이외에 화학물질을 플라스틱 등 용기에 분액하여 사용 시에도 분액용기에 명확한 물질표시가 없을 경우 잘못된 사용으로 인한 재해발생 가능성이 있으므로 시료를 분액하여 사용하는 용기에는 그 물질의 명칭, 제조일자, 취급자의 이름, 위험성 등급 및 표시 등을 부착하여야 한다.

최근에는 부착이 편리한 스티커 형태의 다양한 표지들이 사용되고 있으며, 용기의 모양이나 크기 · 재질 등을 고려하여 부착할 것을 추천한다.

비상샤워기, 세안기
설치 및 관리

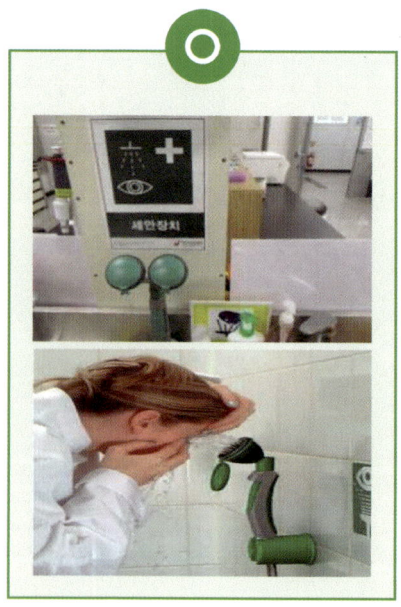

연구활동 중 화학약품이 눈이나 피부에 접촉하면 안구 손상 또는 피부 화상 및 괴사 등 심한 피해를 발생시킬 수 있으므로, 각 연구활동종사자로부터 15~30초 이내 도달거리 또는 15m 이내의 위치에 비상 세안기와 샤워설비를 설치한다. 특히, 세안기 주변으로는 눈을 감은 상태에서 접근이 가능하도록 접근로를 확보하여야 하고, 급수 밸브는 항시 열림 상태를 유지하여야 한다.

설치 장소에는 안내표지를 부착하여 쉽게 찾을 수 있도록 하며, 정기 점검(예, 세안기 월 1회, 샤워설비 분기 또는 반기 1회)을 통해 적정 수압 및 수질을 유지하도록 한다.

다만, 배수설비 등이 갖추어지지 않은 장소에서는 점검에 의한 수손피해가 발생할 수 있으므로, 시중에 유통 중인 점검기구나 양동이 등을 활용하여 점검하도록 한다.

추가로, 점검결과를 기록할 수 있는 점검표를 설치 장소 주변에 부착하고, 사용방법을 알기 쉽게 도식화하여 부착하도록 한다.

시약장 안전관리

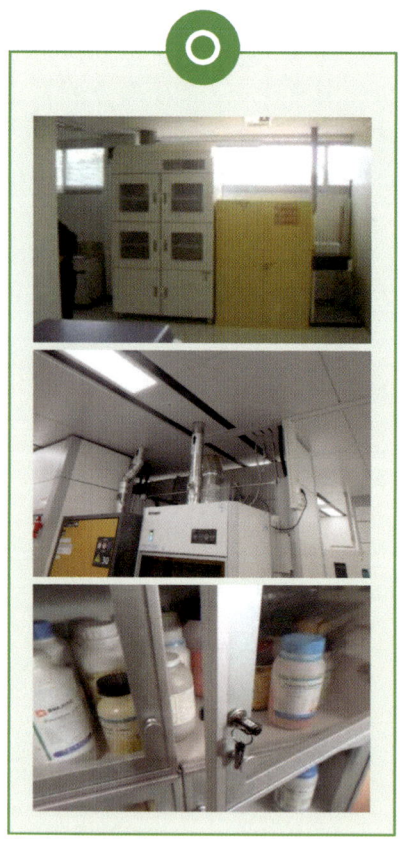

시약은 반드시 지정된 장소에 보관함을 원칙으로 하고, 특히 부식성/가연성/폭발성/독성 등의 증기가 발생하는 시약을 보관하는 경우에는 밀폐형 환기 시약장을 사용한다. 밀폐형 환기 시약장은 주기적으로 정상 작동 여부(정상 배기 등)를 점검하여 미연에 사고를 방지하고, 필터 등 부속품은 기한 내에 교체한다.

또한 위험물질의 임의 사용/반출 방지를 위하여 시약장, 시약보관용 냉장고, 캐비닛 등 위험물질을 보관하는 장소는 반드시 잠금장치를 설치하여 관계자만 취급하도록 한다.

시약장은 정기적으로 정리를 통해 사용하지 않는 시약의 폐기 및 보관상태 등을 점검할 필요가 있다.

한편, 시약장에는 보관하고 있는 시약의 종류와 양을 기록하여 비치하여야 하며, 사용일지도 작성하여야 한다. 다만, 시약의 종류가 많을 경우에는 별도의 단말기를 활용하여 보관 및 사용현황을 기록/관리하기도 한다. CMS(Chemical Management System)과 같이 전산으로 화학물질을 관리하는 연구실의 경우, 정기적인 재고조사를 통해 전산재고와 실물을 맞춰 관리하여야 한다.

시약의 안전보관

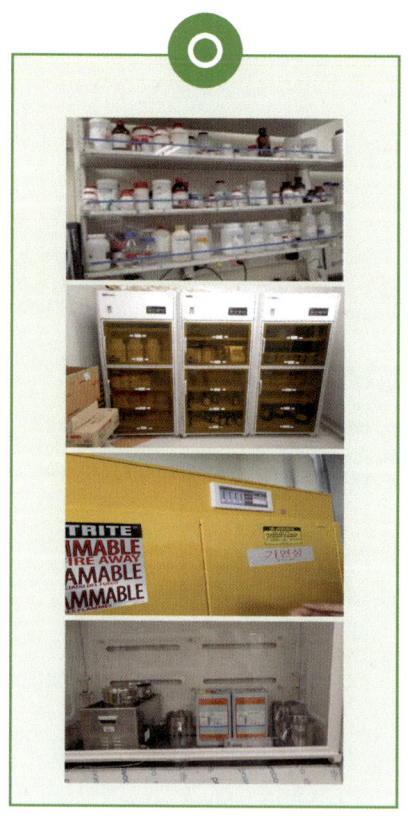

약품은 시약장과 같은 지정된 장소에 보관하며 추락 및 전도 위험이 없는 장소에서 관리하여야 한다.

시약 등을 선반에 보관하는 경우, 부피가 크거나 무거운 것은 하단에 부피가 작거나 가벼운 것은 상단에 보관하고, 특히 시약은 눈높이 아래에 안전하게 보관한다. 이때 낙하방지용 안전바(안전대)를 설치하여 시약의 전도 및 낙하에 의한 안전사고를 미연에 방지한다.

화학약품의 혼촉에 의한 사고가 종종 발생하므로 이를 예방하기 위하여 시약장 내 화학물질은 각 물질의 성상에 따라 부식성, 가연성, 폭발성, 독성, 산/유기용제/알칼리 등으로 분류하여 구분/보관한다(예, 위험물안전관리법에 따른 종류별 구분).

장기간 사용하지 않아 오염된 시약이나 사용기한이 초과된 시약은 다른 시약과의 반응 및 추가 오염의 우려가 있으므로 조속히 폐기처리 하여야 하며, 사용기한이 남았으나 장기간 미사용 시약의 경우에는 뚜껑을 밀폐한 후 시약장 등에 안전하게 보관한다.

독성물질 및
특별관리 대상물질

연구실 책임자는 해당 연구실 내 화학물질 등의 유해인자에 대한 물질명, 보관장소, 보유량, 취급 유의 사항 등을 기재한 취급 및 관리대장을 작성하여야 하며, 작성된 관리대장은 연구활동종사자가 쉽게 확인할 수 있는 곳에 비치 또는 게시하여야 한다.

특히, 유해 화학물질은 증기, 누출 등으로 인한 건강상의 위해가 발생할 수 있으므로 시약용기는 마개로 체결하여 밀폐 보관함을 원칙으로 하고, 부식성, 인화성, 고휘발성 유기용제, 발암독성 등 각각의 물질 특성을 고려하여 전용 시약장 등에 보관한다.

법에서 정하고 있는 특별관리물질을 취급하는 연구실에서는 특별관리물질을 사용하고 있다는 고지 및 특별관리물질 관리대장을 작성하여 특별관리물질을 사용하는 연구활동종사자의 노출 정도의 파악과 작업환경측정, 특수건강검진, 적정 보호구 지급 등을 통해 신체를 보호하여야 한다. 또한 특별관리물질을 사용하는 장소에 출입을 제한하여 위험물질에 노출되는 경우를 최소한으로 관리하여야 한다.

폐액관리

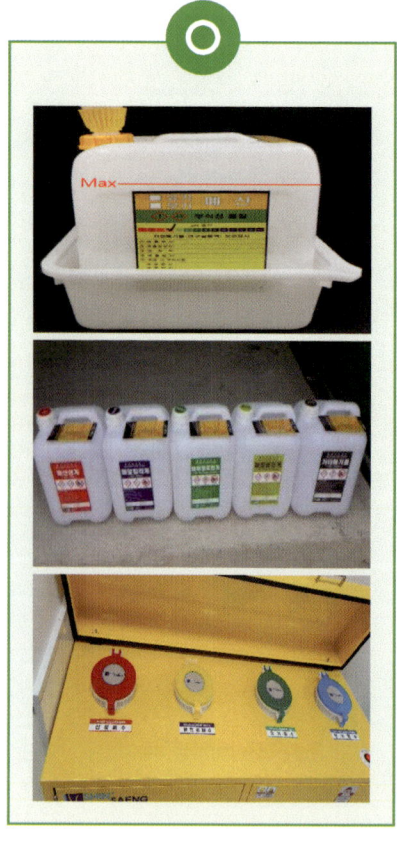

폐액용기는 파손되지 않은 것으로, 마개는 스크류 형태의 2중 마개로 체결하여 관리한다. 특히 폐액용기는 폐산, 폐알칼리, 폐유기용제(할로겐, 비할로겐), 폐유 등으로 분류하여 보관할 수 있도록 전용용기를 사용하며 전도되지 않도록 보관한다. 이때 폐액의 종류별로 구분이 될 수 있도록 전용용기의 색상을 달리하거나, 폐기물 정보를 기록한 스티커의 색상을 달리하여 부착하도록 한다.

일반적으로 폐액용기는 20ℓ 이하로 제한하고, 용기의 80% 수준까지만 넣어 실험실 외부로 반출하여 폐기물 보관장소 등에 보관하도록 한다.

폐액용기는 폐액의 유출이나 악취가 발생하지 않도록 밀폐하여 지정된 장소에 보관하며 보관장소에는 환기 또는 배기설비를 갖추는 것을 권장한다. 아울러 폐액을 하수구나 싱크대에 버리는 일이 없도록 하여야 하며 이를 위해 별도의 폐액관리 지침을 수립하여 연구활동종사자에게 쉽게 볼 수 있는 곳에 게시 또는 비치하여 지침을 따르도록 한다.

6. 소방안전

소방안전은 평상시나 연구활동 시 실험실 화재 · 폭발사고가 발생하지 않도록 하기 위한 예방활동과 피해를 최소화하기 위한 대응활동이 요구되는 안전 요소이다.

실험실 화재폭발사고

먼저, 화재예방활동을 위해서 연구실 내 인화성물질은 별도의 인화성물질 전용 보관함 등 지정장소에 분리 보관하고 필요한 양만큼 소분하여 사용하도록 한다. 아울러, 과열 · 스파크 등 점화원이 될 수 있는 요인은 사전에 제거 · 관리하여야 한다.

연구실 내 취급 위험물질의 특성과 양, 기계 · 전기설비의 규모 등에 따라 적절한 소방시설(소화설비, 경보설비, 피난설비, 소화활동설비, 소화용수설비 등)의 설치와 유지 관리가 필요하며, 정기적인 소방자체점검(작동기능점검, 종합정밀점검)을 통해 정상 작동 여부 등을 확인하여야 한다.

다음으로, 화재 · 폭발 시 피해 감소 및 확대를 방지하기 위하여 적절한 피난계획 수립과 피난시설물 관리상태를 종합적으로 점검하고, 출입구 등의 피난경로상 방치된 각종 장애물은 이동 조치하여 원활한 피난이 될 수 있도록 경로를 확보하여야 한다.

초기 소화활동에서 가장 효과적인 소화기는 법적 기준에 따라 비치하고, 정기적으로 점검하여야 한다. 즉, 고가의 실험장비나 전기전자설비가 많은 연구실 · 분석실 등에는 수계소화설비 및 분말소화기 사용을 지양하고, 불활성소화기나 가스계 소화설비를 설치하도록 한다. 특히, 금수성물질을 취급하는 연구실에는 반드시 수계소화설비의 사용을 금지한다.

화재는 연구활동 중뿐만 아니라, 연구활동을 하지 않는 중에도 발생할 수 있는 사고이다. 예방활동과 대응활동 관점에서 연구실 주변 환경과 소방시설물을 상시 점검하고 관리하여 화재로 인한 연구성과 손실을 막아야겠다.

피난계획 및 대피로 확보

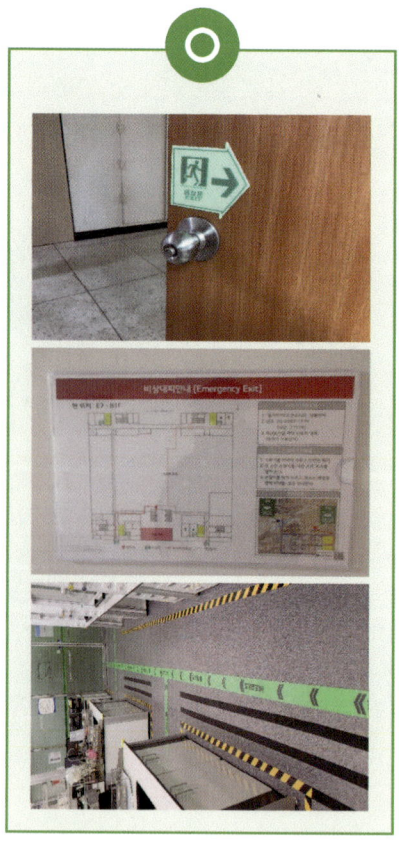

화재 등 비상상황 발생 시 신속한 피난이 가능하도록 연구실 출입문 주변에 피난동선과 비상집결지 등이 표기된 비상대피도과 비상연락망을 게시하여 연구활동종사자가 평상시 확인하도록 한다. 추가로 연 1회 이상의 소방훈련을 통해 피난계획 및 대피로를 충분히 숙지하도록 한다.

또한, 피난 후 안전한 장소에 집결하여 인원파악 등을 할 수 있는 비상집결지를 선정하여 비상대피도에 표기하거나 별도로 안내할 필요가 있다.

아울러 출입문이 임의로 폐쇄되었거나 장애물에 의해 피난이 어려운 경우 인명피해 등으로 이어질 수 있으므로 출입문은 상시 개방이 가능한 상태를 유지하도록 하며 주변에 장애물이 없어야 한다. 출입문 이외에도 피난 대피로상에도 장애물을 제거하여 신속한 피난이 가능하도록 유지하여야 한다.

피난통로의 폭(너비)은 1.5m 이상을 확보하여야 하고, 바닥에서의 폭뿐만 아니라 바닥으로부터 수직으로 보통 사람의 키 높이 이상까지는 장애물에 영향을 받지 않도록 공간을 확보하여야 하겠다.

소화기 비치 및 관리

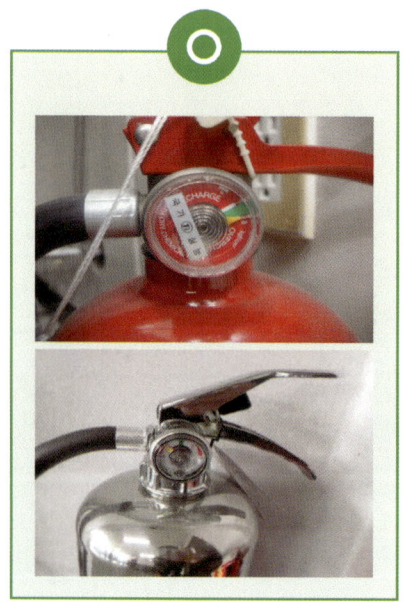

소화기는 화재 초기에 즉시 대응할 수 있는 가장 효과적인 소화설비이다. 분사방식에 따라 가압식과 축압식이 있는데, 폭발위험성 등의 이유로 가압식 소화기는 1999년 이후 국내생산이 중단되었기 때문에 현재 사용하는 소화기는 대부분 축압식 소화기이다.

바닥면적 3m^2 이상으로 구획된 연구실에는 출입구 부근 등 잘 보이는 곳에 소화기를 배치하고 소화기의 위치를 확인할 수 있도록 바닥으로부터 1.5m 이하의 위치에 위치표식을 부착한다.

소화기는 적정 압력을 유지하는지 충압상태 등을 주기적으로 점검한 후 결과를 기재한 점검표를 소화기에 부착하여 관리한다. 축압식 소화기는 외형상 압력계가 설치되어 있으며 압력계는 녹색(7 kg/cm^2~9.8 kg/cm^2)을 지시하면 정상이고 압력 미달이나 과충전되어 있으면 안 된다.

소화기는 실험실별 취급물질 등을 고려하여 적응성을 가진 소화기를 비치하도록 하여야 하며, 내용물 연수(10년)가 경과한 소화기는 새 소화기로 교체하거나 총리령에 따라 한국소방산업기술원의 성능확인검사 후 사용(3년 연장 가능)한다.

옥내소화전 관리

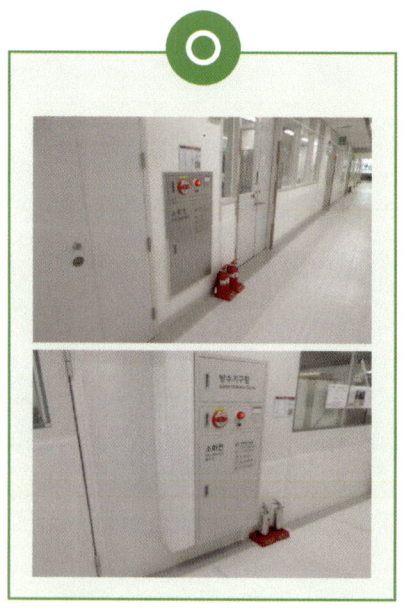

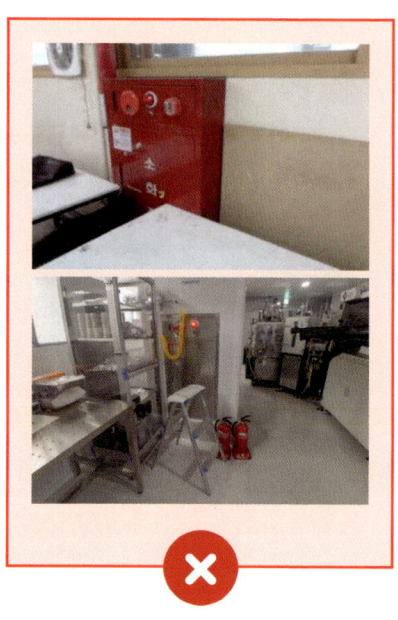

소화기와 더불어 화재 초기 재실자가 가장 많이 사용하는 소화설비인 옥내소화전은 일종의 소방용 수도꼭지로 생각하면 쉽다. 앞서 설명한 출입문 및 피난로 주변의 장애물 제거와 마찬가지로 화재 시 소화전을 즉시 사용할 수 있도록 소화전 앞에 적재물을 제거하여 상시 개폐 및 사용 가능하게 유지관리 하도록 한다.

소화전 주위에 장애물이 없더라도 간혹 소화전함을 열어보면 실험용기자재 등의 물건을 넣어두는 등 다른 용도로 사용하는 경우가 종종 있다. 이렇게 소화전함을 다른 용도로 사용하거나 주위에 물건을 쌓아 사용을 곤란하게 하는 경우에는 300만 원 이하의 과태료가 발생할 수 있으니 주의하도록 한다.

또한 옥내소화전은 즉시 사용할 수 있도록 평상시 앵글밸브를 체결하고 소방호스는 잘 정리된 상태를 유지하여야 한다.

앵글밸브에 소방호스가 체결되어 있지 않은 상태에서 화재가 발생한 경우 체결에 상당한 시간이 소요되고, 정리되지 않은 호스에 물이 주입되면 호스가 꼬여 소화수가 잘 흐르지 않을 수 있기 때문이다.

다만, 연구실에서 옥내소화전을 이용한 주수소화를 하는 경우, 화재를 더 키울 수 있는 위험물들이 존재하고 감전이나 폭발 등에 의해 인명피해가 발생할 수 있으므로 옥내소화전을 사용하기 전에 상황 판단을 잘 하여야 하겠으며 가급적 소화활동보다는 피난활동에 집중하는 것을 고려하여야 하겠다.

피난설비 설치 및 관리

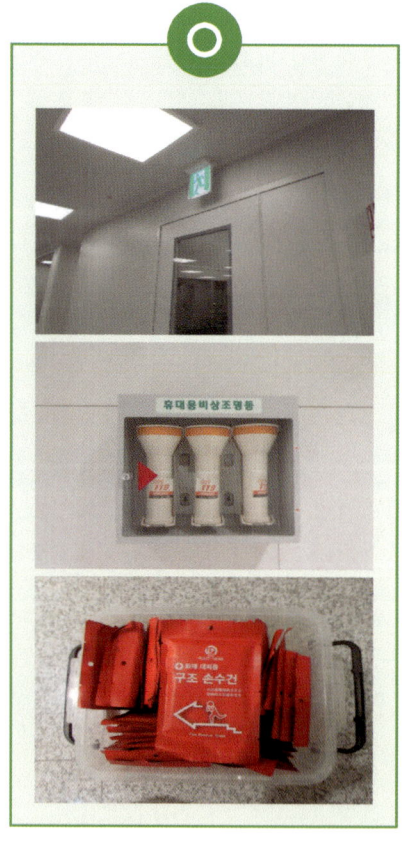

연구실 안전 따라 하기

화재 확산을 방지하고 피난자의 안전을 확보하기 위해 출입문은 방화문으로 설치한다. 아울러, 신속한 피난을 유도하기 위해 연구실 출입구 상단에 비상구 유도등을 설치하고, 피난로에는 유도표지를 설치하여 화재 및 정전 시 연구실 내의 연구활동종사자가 신속히 피난을 할 수 있도록 한다.

화재 등에 의한 피난 시에는 건물 내 일반조명이 꺼지고 주위가 어둡기 때문에 피난자의 원활한 피난을 위해서 휴대용 비상조명등을 구비하거나 개인 휴대폰의 손전등 기능을 이용하여 대피하도록 한다.

또한 화재 발생 시에는 화염·연기 등으로 방향감각을 잃어 출입구 방향으로의 이동이 어려울 수 있으므로 바닥에 피난유도표지를 부착하거나 안전구획선을 형광물질로 하여 피난통로를 확인하기 쉽게 하는 것도 좋은 방법이다.

일반적으로 화재에 의한 재해자는 화염노출에 의한 직접적인 피해보다 연기 등 유독가스에 의한 질식피해가 훨씬 크다. 따라서, 출입구 주변에 피난용 손수건(구조 손수건)을 비치하여 피난 시 호흡기를 보호하는 것이 좋다. 이런 피난용 손수건이 없다면, 실험실용 티슈나 페이퍼에 물을 묻혀 호흡기에 대고 피난하는 방법도 고려할 필요가 있다.

소방시설의 적합성 확보

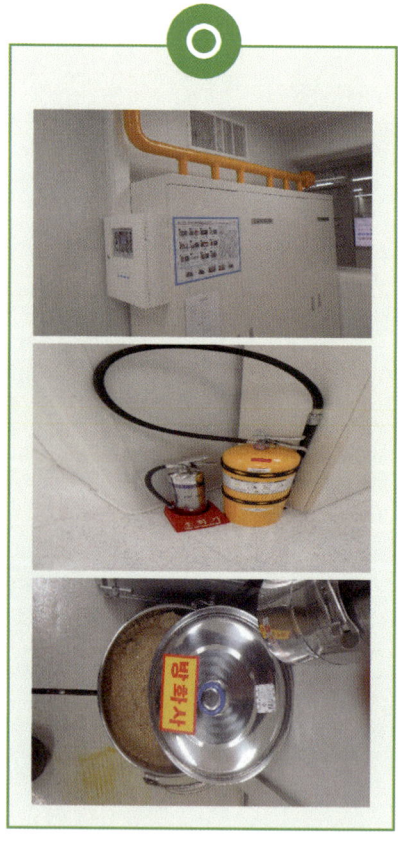

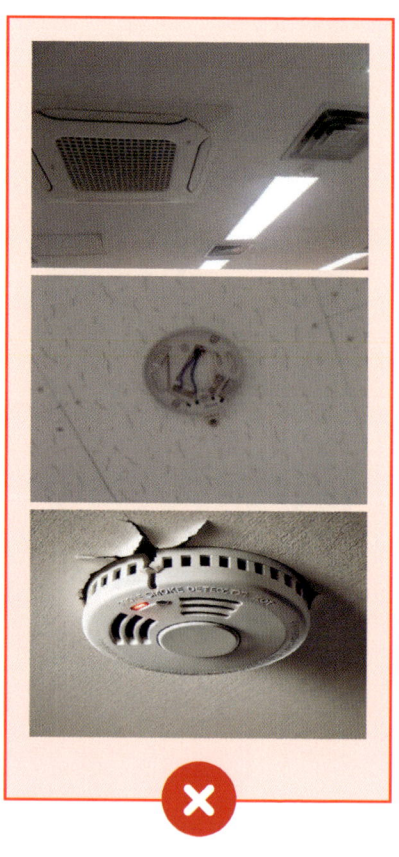

고가의 실험장비를 사용하는 장소에는 수손피해 발생 등의 위험이 있으므로 가스계 소화설비, 연결살수헤드 등을 설치한다.

또한 위험물안전관리법상 제1류 위험물 중 알칼리금속과산화물, 제2류 위험물 중 철분/마그네슘/금속분, 제3류 위험물 중 금수성 물질 등을 취급하는 실험실의 경우 주수소화에 의해 더 큰 위험을 초래할 수 있으므로 마른 모래나 금속화재용 소화설비를 갖추도록 한다.

또한 화재감지기가 급기구(공조설비, 에어컨 등)와 근접하게 설치된 경우, 화재 초기 연기발생 등을 조기에 탐지하기 어려우므로 연기 감지기 설치 위치를 급기구로부터 최소 1.5m 이상 이격하여 설치하여야 한다.

소방시설은 작동기능점검 및 종합정밀점검 등 정기적인 점검을 통해 적합성을 확보하고 기능을 유지하도록 한다.

물론, 정기적인 점검은 시설관리부서 등에서 진행하지만 연구실 책임자는 점검 결과 및 부적합 사항에 대한 조치 등을 확인하고 안전을 확보할 의무가 있다.

인화성물질 안전보관

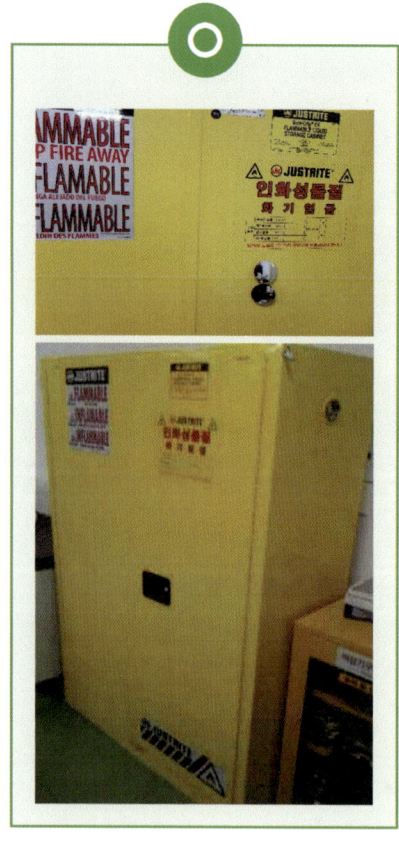

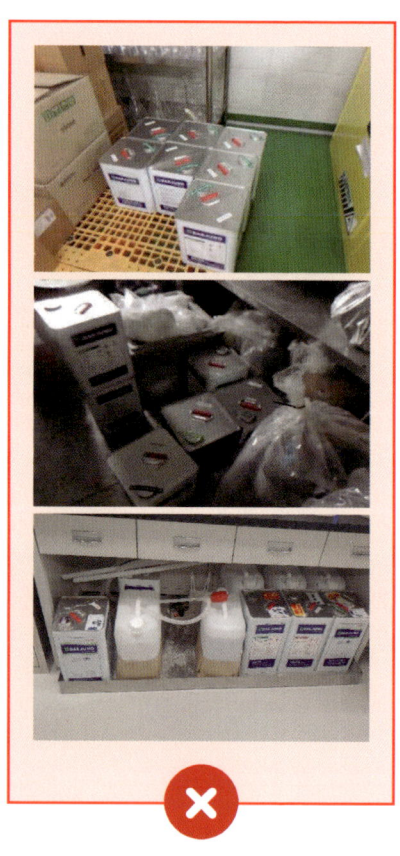

연구실 내에서 인화성 물질을 보관할 때에는 18L 통으로 2통 이상 보관이 불가하다. 따라서 인화성물질은 방폭형 캐비닛 등과 같은 지정된 저장소에 분리 보관하고 필요량을 소분하여 사용하도록 한다. 이 캐비닛은 내화성 재질로 제작되고, 유증기(인화성 증기)가 체류하여 축적되지 않도록 환기 기능이 있어야 한다.

만약 불필요하게 많은 양을 보관하다 화재사고가 발생하면 대형 화재로 번질 수 있으므로 적은 양만 보관하되, 필요시에만 소량씩 사용한다.

인화성물질은 매우 불이 붙기 쉬우므로 보관 캐비닛 주변에는 '화기엄금' 표시를 부착하고 열원, 불꽃, 전기 스파크 등의 점화원과 거리를 두어야 한다. 또한 정전기에 의한 점화를 막기 위해 보관 캐비닛은 접지되어 있어야 한다.

보관 장소는 햇빛이 직접 닿거나 온도가 높은 장소는 피해야 하며, 용기에도 물질명, 위험성 표시, 유효기간 등을 명확히 표기해야 한다.

인화성물질은 제4류 위험물로 제1류, 제6류 위험물인 산화제, 산류 등과 함께 보관 시 폭발 위험이 있기 때문에 일반 시약이나 산화제와 분리하여 보관해야 한다.

7. 가스안전

가스안전은 연구실에서 사용되는 가스의 누설 등에 따라 폭발이나 독성 위험 등을 예방하기 위해 기본 준수 사항 이행이 요구된다.

연구실 고압가스 안전관리체계

고압가스를 사용하는 연구실에는 연구활동종사자가 쉽게 식별할 수 있도록 고압가스 경고표지와 각 가스의 특성에 맞는 안전수칙 등을 부착하고 사고발생 시 조치 사항 등을 게시하여 신속한 대응이 될 수 있도록 하여야 한다.

연구실에서 사용하는 가스는 대부분 고압가스 용기에 충전된 상태이며 무색무취인 경우가 많아서 가스의 누설 여부를 확인하기에 어려움이 있다. 따라서, 다량의 불연성가스를 취급하는 경우나 가연성가스를 취급하는 경우에는 가스용기를 옥외보관소에 저장하고, 배관을 이용한 공급시스템을 구축하여 안전성을 확보하도록 한다.

여러 종류의 가스 배관을 사용할 경우에는 조작 실수에 의한 사고를 미연에 방지하고자 중간 밸브를 설치하여 안전성을 높여야 한다. 밸브, 플렌지 등의 이음부는 가스누출 감지기나 비눗물 분무기 등을 이용하여 누출검사를 실시하고, 정기적으로 표준가스를 이용하여 경보장치의 이상 유무를 테스트한다. 배관은 정기적으로 고정 상태를 확인하고, 부식, 진동, 균열 등을 체크하여 종합적인 안전성을 확보한다.

고압가스 용기가 전도될 경우 충격으로 인한 외형의 변형, 돌출된 밸브 부위의 손상으로 인한 가스 누출의 위험성이 있으므로 체인·벨트 등을 이용하여 연구실 구축물(기둥, 벽체 등)에 고정, 전도

방지 조치를 하여야 하며, 여러 개의 가스용기 공동 체결은 지양한다. 또한, 충전기한이 경과된 가스용기는 두께 감소 및 용기 하부의 부식 발생으로 용기의 안전성을 보장할 수 없으므로 불용 용기는 즉시 반출하여 폐기하고, 가스 입고 시 사용기간을 감안하여 충분한 유효기간을 확보하도록 한다.

독성가스는 특별히 전용 캐비닛 안에 용기를 설치하여 사용하며, 가스누설 경보설비(또는 차단설비)를 설치하도록 한다. 독성가스는 누출 시 심각한 사고로 이어질 수 있으로 각별한 주의가 요구된다. 따라서 전용 캐비닛, 경보설비 외에 배관을 이중으로 하여 내부, 외부의 파손에도 독성가스가 누출되지 않도록 Fail Safe 설계를 하여야 한다.

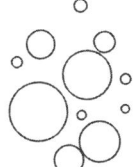

가스의 특성별 보관 및 관리

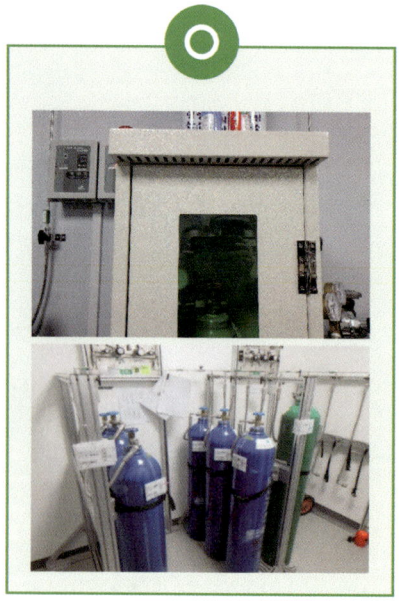

가연성 및 독성가스 용기를 협소한 연구실 내에 설치하여 사용하는 경우 가스누출 시 그 피해가 증대될 수 있으므로 고압가스용기는 별도 장소에 보관하고 가스누출경보차단설비를 설치하여야 한다. 독성가스는 다른 특성의 가스와 반드시 분리하여 전용 캐비닛 등에 설치하여 보관하고, 누출될 경우 독성가스에 의한 중독을 방지하기 위하여 제독장비를 설치하여야 한다.

특히 가연성가스와 조연성가스를 혼재하여 보관하는 경우 화재위험성이 커지므로 분리하여 보관, 관리하여야 한다.

이때 가연성가스와 조연성가스의 종류를 적절하게 표시하여야 한다. 통상 고압가스 용기는 내용물에 따라 색으로 구분하는데, 액화석유가스(LPG) 밝은 회색, 수소 주황색, 아세틸렌 황색, 액화 암모니아 백색, 액화 염소 갈색 등이다. 이 밖에도 같은 내용물이더라도 의료용과 의료용 외의 용도에 따라 용기의 색을 달리하기도 하는데, 산소는 의료용 백색/기타 녹색, 액화 탄산가스는 의료용 회색/기타 청색, 질소는 의료용 흑색/기타 회색 등이다.

참고로, 실험실에서 많이 사용하는 액체질소 증기는 피부나 안구 접촉 시 저온화상, 동상, 영구적인 눈 손상 등을 초래할 수 있으므로 보안경, 보온장갑, 실험복 등을 반드시 착용하고 취급하도록 한다.

가스용기의 보관 및 관리

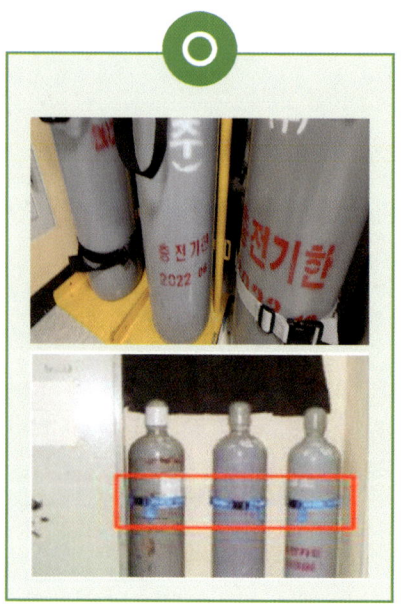

충전기한이 초과된 가스용기는 용기 자체의 안전성을 보증할 수 없으므로 가스용기 충전기한을 반드시 확인하고, 충전기한이 초과된 경우나 사용하지 않는 가스용기에 대해서는 즉시 반납 또는 불용처리 한다. 또한 고압가스 입고 시 사용기간을 고려하여 충분한 충전기한이 남아 있는 용기를 사용하여야 한다.

고압가스용기를 고정하지 않고 사용하여 지진이나 사용자의 부주의에 따라 전도할 수 있어 인명피해로 이어질 수 있으므로 체인이나 벨트를 이용하여 벽면에 고정하거나 고정거치대를 사용하여 전도 방지책을 마련하여야 한다.

이때 체인이나 벨트는 상/하 이중 체결이 필요하며 한꺼번에 여러 가스용기를 같이 체결하지 않도록 한다.

원칙적으로 고압가스는 실내보관이 금지이나 불가피하게 실내보관이 필요한 경우에는 위 사항을 반드시 준수하여 안전하게 보관 및 사용하여야 한다.

가스누출 확인

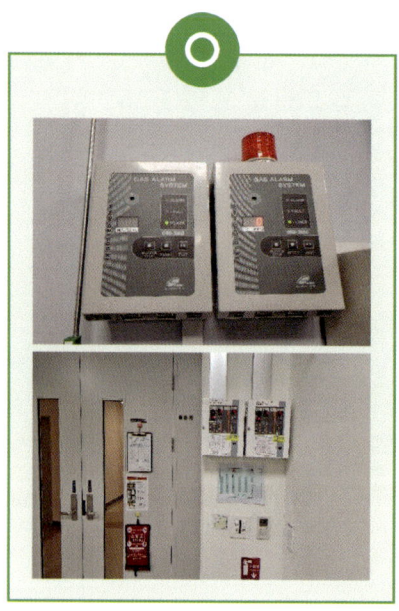

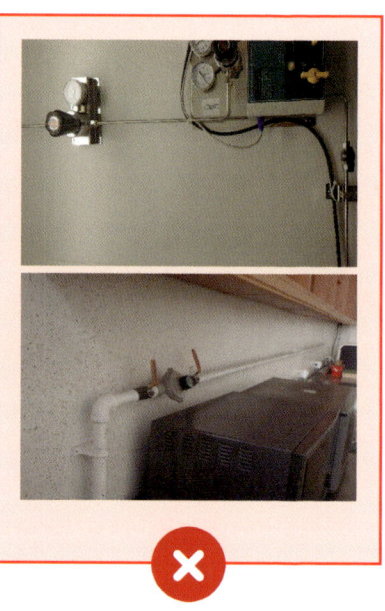

독성, 가연성 가스 등을 취급하는 실험실의 가스용기, 배관, 밸브 등의 부속품과 연결부 등에서 가스가 누출되면 인체중독, 가스폭발 등의 재해를 일으킬 수 있으므로 가스 누출을 미리 감지할 수 있는 누출가스 검지기를 설치하거나 정기적으로 주요 부속품 연결부 등에 대한 확인(비눗물 점검방법 등)을 하여야 한다.

누출가스 검지기는 검지방식에 따라 특정 가스만을 감지하는 것과 복합 가스를 감지하는 것 등이 있으며 연구실에서 사용하는 가스의 종류에 맞게 설치하도록 한다. 다만, 검지기는 예민하기 때문에 성능 유지를 위해 주기적으로 청소를 하거나 검교정을 받아야 한다.

이러한 누출가스 검지기의 설치와 유지관리는 시설관리부서에서 통상 수행하므로 연구실책임자를 비롯한 연구활동종사자의 관심 밖인 경우가 대부분이다. 그러나 연구실책임자를 비롯한 연구활동종사자는 평상시 누출가스 검지기가 정상적으로 작동하는지를 확인하는 등 연구실 안전을 확보할 필요가 있다.

가스배관 안전관리

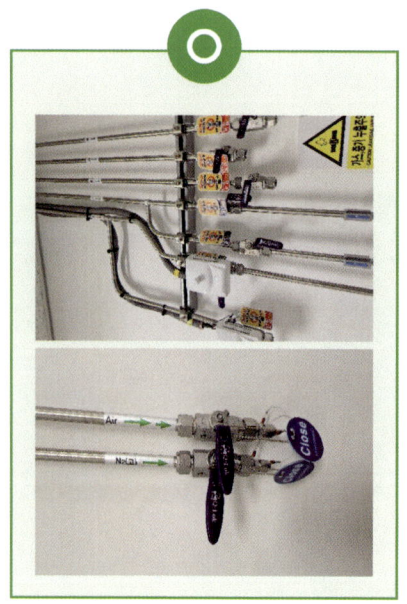

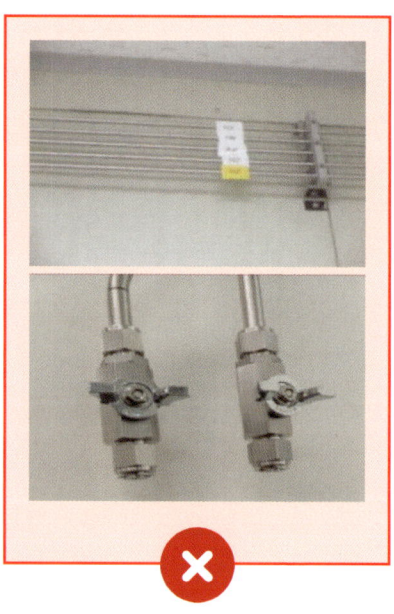

고압 가스배관에 유체흐름 방향이 표시되어 있지 않은 경우 부주의 및 오조작으로 인하여 사고가 발생할 수 있으므로 고압 가스배관에 가스의 종류, 사용압력, 유체흐름 방향 등을 표시하여 관리하여야 한다.

가스배관은 부식 여부를 정기적으로 확인하여 가스누출에 의한 사고를 방지하여야 한다. 특히 미사용 배관의 말단은 필히 마감 처리하여 가스가 누출되지 않도록 하여야 한다.

또한, 노출된 배관은 외부충격 등에 의해 파손되어 가스누출 등의 사고로 이어질 수 있으므로, 충격방지 보호덮개를 설치하는 방법 등을 고려하여야 한다.

또한 이러한 가스정보 표시는 실험실 사고발생 시 연구실안전환경관리자나 소방관 등이 빠르게 가스정보를 파악하여 초동조치를 하는 데 큰 도움이 된다.

따라서 표시는 크기를 크게 하거나 눈에 띄는 색상을 사용하는 등 시인성을 확보하여야 한다.

가스누출경보장치 및 역화방지기

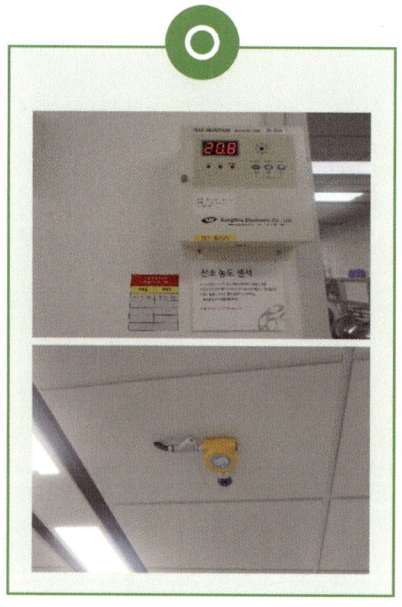

각종 가스류를 사용하는 실험실 내에서 가스가 누출되면 인체중독, 질식, 폭발사고 등으로 이어질 수 있으므로, 이를 검지하여 자동으로 가스공급을 차단할 수 있는 가스누출경보차단장치를 적합한 위치(가스 비중에 따라 실험실 상/하부 등 체류 우려가 있거나 쉽게 검지할 수 있는 위치)를 선정하여 설치하여야 한다. 또한 검지/경보장치와 배관에 연동하여 누출을 차단할 수 있도록 차단밸브를 설치하여 그 성능이 발휘될 수 있도록 하여야 한다.

LPG 등 가연성 가스를 사용하는 실험실에는 버너 부분의 부식 등으로 화염의 역화(back fire)가 발생하여 가연성 가스용기가 폭발할 수 있으므로 역화방지기를 설치하여 사용하여야 한다. 즉, 역류하는 화염을 차단하여 기기와 장비의 폭발을 미연에 방지하는 역화방지기를 설치하여야 하며 역화방지기는 공인인증기관에서 그 성능을 인정한 제품을 설치하여야 한다.

미사용 가스용기 및
배관의 보관 및 관리

미사용 가스용기는 배관이나 호스를 분리한 후 보호캡을 체결하여 보관하도록 한다. 또한, 신규로 반입되는 가스용기도 반드시 밸브 보호캡을 체결하여 반입되도록 엄격히 통제하도록 한다.

만일 밸브 보호캡이 체결되지 않은 상태에서 용기가 전도 등의 이유로 밸브파손이 발생하는 경우, 용기 내 고압의 가스가 방출되면서 강한 힘으로 연구활동종사자에 부딪혀 상해를 입히거나 심한 경우 생명을 잃을 수도 있다. 또한 미사일과 같은 추진력으로 용기가 주변 실험기기 등을 파괴하고, 이로 인해 2차 화재·폭발 사고 등으로 이어질 수 있다.

미사용 배관은 사용하지 않는다는 표시를 부착하고 가스용기의 체결을 방지할 수 있는 조치를 취한다. 아울러 배관의 말단은 마감 조치를 하여 혹시라도 가스용기가 체결된 경우 가스가 누출되는 것을 방지하여야 한다. 다만, 안전을 확보할 수 있는 가장 효과적인 방법은 장기적으로 미사용이 예상되는 배관은 즉시 철거하는 것이다.

8. 생물안전

생물안전은 생물과 관련된 연구활동을 수행하는 연구활동종사자의 안전보호, 실험장비의 안전조치, 고위험병원체의 검사·이동·폐기의 적정성 등을 전반적으로 관리하여 바이러스, 세균 등으로부터의 안전을 확보하는 것이다.

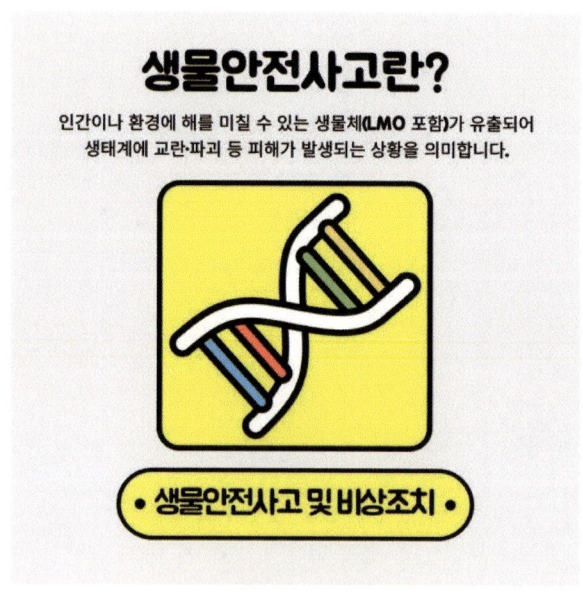

생물안전사고 정의

생물체와 관련이 있는 연구활동이 이루어지는 연구실 출입문 등에는 생물안전표지와 생물재해표시를 부착하고, 일반 연구실과는 다른 별도의 폐기물처리 절차와 생물사고에 대한 상황별 대응 절차 등의 기준을 수립하고 교육 훈련하여야 한다.

일반폐기물과 달리 의료폐기물은 발생했을 때부터 종류별로 전용용기에 넣어 보관하여야 하며, 사용 중인 전용용기는 내부의 폐기물이 새지 아니하도록 관리하고 사용이 끝난 전용용기는 내부 합성수지 주머니(봉투형 비닐류)를 밀봉한 후 외부용기를 밀폐 포장하여야 한다.

통상 의료폐기물은 일정기간(15일 또는 30일)을 초과하여 보관하지 않도록 해야 하며 지정 장소에 보관한다. 또한 증기나 미생물에 의한 건강상 유해위험이 발생할 수 있으므로 전용용기의 뚜껑은 항시 밀폐하여 관리하여야 한다.

연구활동에 이용되는 실험용 쥐나 토끼, 원숭이 등은 특별관리가 필요하며, 동물사육시설은 사육되는 동물의 특성을 고려하여 온도, 습도, 환기가 조절될 수 있는 별도의 사육시설을 설치하거나 동물환경제어장치를 설치한다.

개인위생 관리

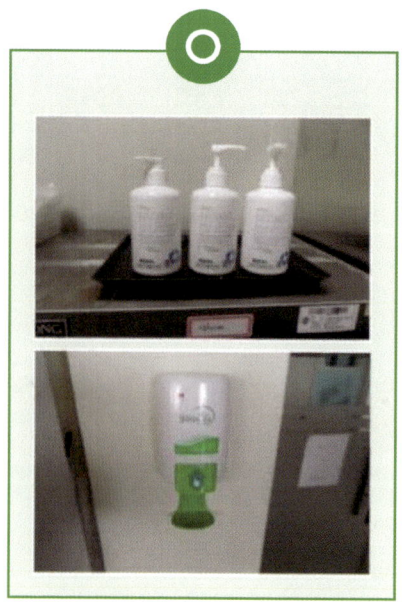

생물과 관련된 연구활동을 수행하는 LMO(Living Modified Organism, 유전자변형생물체) 연구실에서는 생물안전 및 오염 방지를 위해 개인위생 관리가 매우 중요하다.

먼저, 실험 전 준수 사항으로는 실험복, 장갑, 마스크, 보안경 등 개인 보호구(PPE)를 반드시 착용하여야 하며, 실험 전후 및 장갑 착용 전후에는 반드시 손을 비누와 흐르는 물로 30초 이상 씻거나 손 소독제를 사용한다.

실험 중에는 얼굴(특히 눈이나 입)을 손으로 만지지 않도록 하며, 장갑을 낀 손으로 문, 키보드, 핸드폰 등을 만지지 않도록 주의한다. 실험 기구 및 작업대는 사용 전후로 적절한 소독제(예: 70% 에탄올)로 소독하고, 폐기물은 규정된 절차에 따라 분리하여 처리하여야 한다.

실험 후에는 오염 위험을 줄이기 위해 장갑 → 실험복 → 마스크 순서로 벗고, 실험 종료 후 반드시 손을 철저히 씻도록 한다. 사용한 장비는 세척 및 멸균 후 보관하거나 폐기한다.

동물실험구역과
일반실험구역 분리

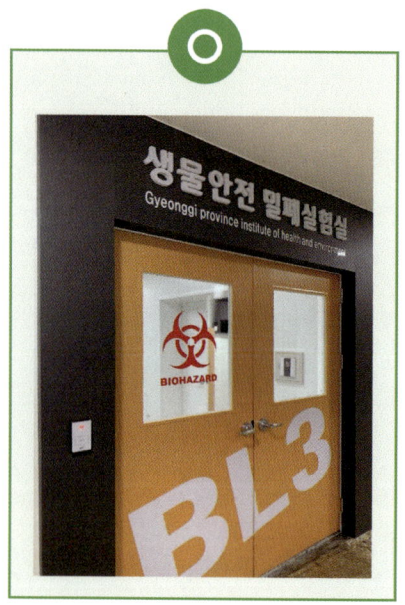

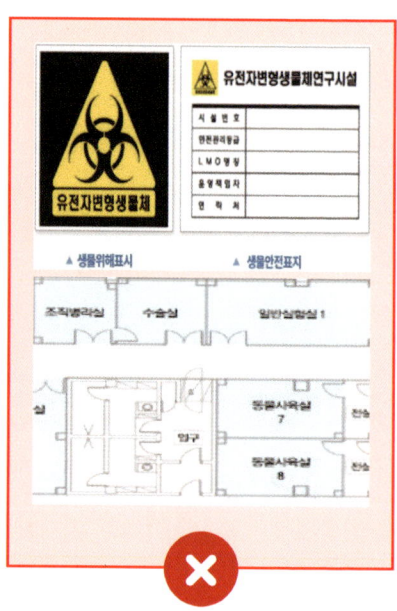

유전자변형 미생물, 동물, 곤충, 어류, 식물, 바이러스 등 유전자
변형생물체(LMO, Living Modified Organism)를 사용하는 연구시설은
모두 LMO연구시설로 1~4등급 총 네 가지 등급으로 안전관리등
급을 분류하며 4등급이 가장 위험한 단계이다. 이들 연구시설은 과
학기술정보통신부에 신고(1, 2등급)하거나 과학기술정보통신부 또
는 보건복지부(질병관리청)에서 허가(3, 4등급)를 받아야 한다.

또한, 병원체의 위험성을 줄이고 실험자의 보호뿐만 아니라 취급
병원체의 주변 환경으로의 노출 위험을 감소시키기 위해 생물안전
등급별 적절한 조치가 필요하다.

특히, 출입문 앞에는 생물안전 경고표지 부착, 생물재해
(Biohazard) 표시를 부착하여 불필요한 연구활동종사자 및 일반인의
출입을 제한하도록 한다.

살균장비 설치 및 관리

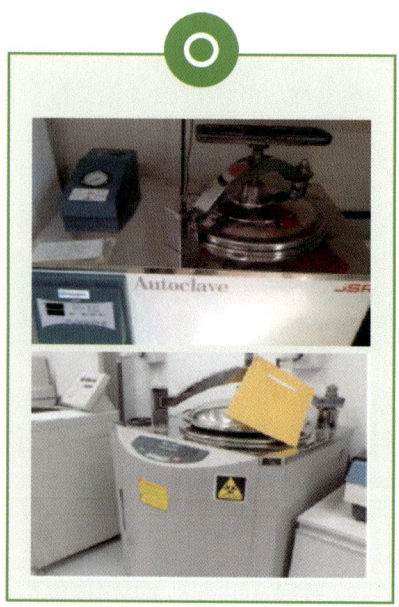

고압멸균기는 고온고압으로 살균을 행하는 기구로 멸균온도, 시간 및 배기판이 자동으로 조절이 되고 단시간 내에 배지, 초자기구, 실험폐기물의 멸균처리 등에 사용된다. 멸균용기는 고압 · 고온에 견디며 120~121℃로 10~15분간 정도 가열해서 멸균하는 경우가 많다.

고압멸균기는 고전압을 사용하는 기기로 연구활동 중 시약, 폐액, 물 등 액체류를 사용하기 때문에 감전 위험이 크다. 멸균용기의 상부 접촉 또는 뚜껑의 개폐 시 고온에 의한 화상 위험이 있으며, 부적절한 재료 또는 방법 등으로 인한 폭발 또는 화재 위험성이 있다.

따라서, 고압멸균기를 사용할 경우에는 내열성 안전장갑, 보안경 또는 보안면, 실험복, 안전화 등 개인보호구를 착용하여야 하고, 국가연구안전관리본부에서 제작한 연구실 설치운영 가이드 중 고압증기멸균기 작업단계별 주의 사항을 준수하며 작업하여야 한다.

실험체 관리

생물실험에 사용되는 실험체에는 곤충이나 설치류, 포유류 등 종류가 매우 다양하다. 이들 실험체를 사육하는 시설은 별도의 기준과 시스템을 갖추고 운영하여야 한다.

실험체의 사육관리나 동물실험이 과학적이고 윤리적으로 행해질 수 있어야 하므로 적정한 환경조건의 유지 및 적절한 사육, 실험이 이루어지도록 충분한 설비와 우수한 관리자의 배치가 필수적이다.

주요 설비로는 실험동물 사육 장치, 환경 조절 장치, 급수 및 급여 시스템 등이 있으며, 관리자는 모든 설비가 올바르게 작동하는지, 안전 장치와 비상 대응 시스템이 제대로 작동하는지 점검하여야 한다. 또한 동물 사육 공간과 장비를 정기적으로 청소하고 소독하여 위생을 유지하고, 온도, 습도, 조명 등을 정기적으로 점검하고 기록하여 적절한 환경을 유지한다. 끝으로 동물의 건강 상태를 정기적으로 확인하고 필요한 경우 수의사의 진료를 받도록 한다.

의료폐기물 관리 및 처리

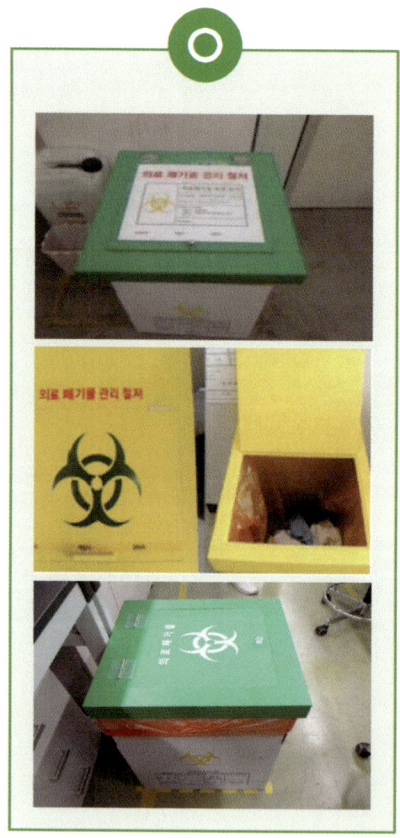

의료폐기물은 감염성, 독성, 방사능 등 다양한 위험을 내포하고 있기 때문에, 이를 안전하게 처리하기 위한 명확한 절차가 필요하다. 일반적으로, 의료폐기물은 일반폐기물과 분류하여 종류별로 전용용기에 넣어 밀폐보관을 원칙으로 한다. 또한 의료폐기물을 폐기할 경우에는 폐기물을 용기에 최초로 넣은 날을 사용개시 연월일로 작성하여 개시일로부터 15일(손상성 폐기물 30일) 이내에 폐기하여야 하며 의료폐기물 전용용기에는 덮개를 덮어 감염병으로부터 예방하여야 한다.

의료폐기물의 종류에는 감염성 폐기물, 병리학적 폐기물, 화학적 폐기물, 일반 폐기물 등으로 분류할 수 있다.

각 종류의 폐기물은 별도로 수집할 수 있는 전용용기를 사용하여야 하는데, 감염성 폐기물은 유색의 방수 백에 담고, 병리학적 폐기물은 밀봉된 용기에 담아야 하며 화학적 폐기물은 전용의 안전한 용기에 담아야 한다.

의료폐기물은 지정된 저장 장소에 보관해야 하며, 이 장소는 감염과 오염의 확산을 방지할 수 있도록 설계되어야 한다. 특히, 감염성 폐기물과 병리학적 폐기물은 냉장고나 냉동고에 저장하여 부패를 방지하고, 화학적 폐기물은 독립된 안전 보관소에 보관하며 화학적 반응을 방지할 수 있는 환경을 유지한다.

생물사고에 대한
상황별 SOP 수립

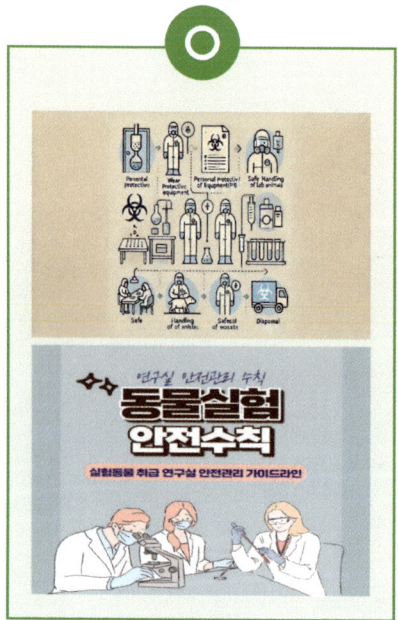

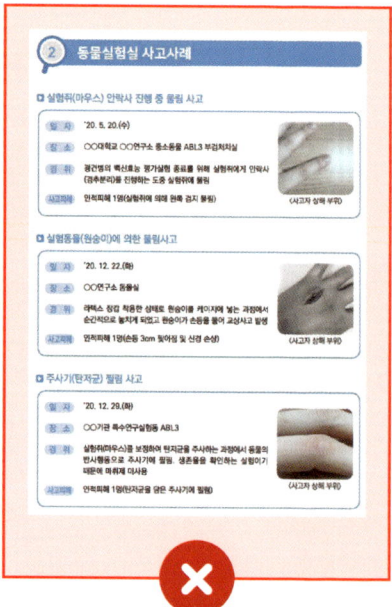

연구실에서 발생할 수 있는 생물안전사고는 연구하는 생물학적 위험 물질, 장비, 작업 환경 등에 따라 다양하며 이러한 사고는 연구활동종사자 및 환경에 심각한 영향을 미칠 수 있으므로 적절한 예방과 대응이 필요하다. 즉, 생물안전사고에 대한 상황별 표준 운영 절차(SOP, Standard Operating Procedure)를 수립하는 것은 연구실의 안전과 보안을 확보하고, 비상 상황에서 신속하고 효율적으로 대응하기 위해 매우 중요하다.

이 SOP는 각 연구실의 상황과 관련 법규를 충분히 고려하여 조정하고 주기적으로 검토하여 최신화하여야 한다.

연구실에서 발생할 수 있는 생물안전사고는 미생물의 유출, 바이러스 또는 세균 감염, 화학물질과의 교차 오염, 기술적 장비 고장, 실험실 환경 오염, 실험동물의 사고 등을 예상할 수 있으며 각 상황별 SOP를 수립하고 실제 이행해 보는 것이 무엇보다 중요하다. 따라서 모든 연구활동종사자가 이 SOP에 따라 행동할 수 있도록 정기적인 교육 · 훈련을 통해 습득하도록 한다.

부록

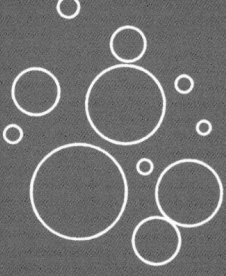

1. 연구실 안전법 핵심 내용

산업안전보건법 등 여러 안전관련 법규들은 교육연구시설에 대한 예외 조항이 많으며, 연구활동에 직접 적용하기에는 한계가 있다. 이에 따라 연구활동의 특수성을 반영한 차별화된 연구실 안전법의 제정과 적용에 대한 필요성이 대두되었고, 1999년 9월 S대학 플라즈마 연구 폭발화재사고(3명 사망), 2003년 5월 K대학 풍등 실험실 폭발사고(1명 사망) 등 크고 작은 연구실사고 발생을 계기로 2005년 3월 '연구실 안전환경 조성에 관한 법률'이 제정되어 2006년 4월 1일부터 시행되게 되었다.

통상 '연구실 안전법'이라 칭하는 연구실 안전환경 조성에 관한 법에는 법률, 시행령, 시행규칙, 행정규칙(고시, 훈령, 예규 등) 등을 포함하고 있으며, 연구개발 활동을 수행하기 위해 설치한 연구실은 적용 대상이 된다. (단, 연구활동종사자가 10명 미만인 기관은 법의 전부, 타법 적용 대상은 일부 적용 제외)

연구활동종사자라면 최소한 숙지해야 할 연구실 안전법의 주요

조항별 핵심 내용을 다음과 같이 정리하였다.[1]

제1조 목적

① 대학 및 연구기관 등에 설치된 과학기술 분야 연구실의 안전확보
② 연구실 사고 피해에 대한 적절한 보상으로 연구활동종사자의 건강과 생명 보호
③ 안전한 연구환경을 조성하여 연구활동 활성화에 기여

제2조 정의

① 연구실: 대학·연구기관 등이 연구활동을 위하여 시설·장비·연구재료 등을 갖추어 설치한 실험실, 실습실, 실험준비실
② 연구활동: 과학기술 분야의 지식을 축적하거나 새로운 적용방법을 찾아내기 위하여 축적된 지식을 활용하는 체계적이고 창조적인 활동(실험·실습 등을 포함)
③ 연구주체의 장: 대학·연구기관 등의 대표자 또는 해당 연구실의 소유자
④ 연구실 안전환경관리자: 연구실 안전과 관련한 기술적인 사항에 대하여 연구주체의 장을 보좌하고, 연구활동종사자에게 조언·지도하는 업무를 수행하는 자
⑤ 연구실책임자: 연구실 소속 연구활동종사자를 직접 지도, 관리, 감독하는 자
⑥ 연구실 안전관리담당자: 각 연구실에서 안전관리 및 사고예방 업무를 수행하는 자
⑦ 연구활동종사자: 대학·연구기관 등에서 연구활동에 종사하는 연

---

1 단, 24년 8월 기준이므로 개정 사항은 국가법령정보센터(www.law.go.kr)에서 확인.

구원, 대학생, 대학원생 및 연구보조원 등

⑧ 연구실 안전관리사: 제34조제1항에 따라 연구실 안전관리사 자격 시험에 합격하여 자격증을 발급받은 사람

⑨ 안전점검: 안전관리에 관한 경험과 기술을 갖춘 자가 육안 또는 점 검기구 등을 확인하여 연구실에 내재된 유해인자를 조사하는 행위

⑩ 정밀안전진단: 연구실사고를 예방하기 위하여 잠재적 위험성의 발 견과 그 개선대책의 수립을 목적으로 대통령령이 정하는 기준 또는 자격을 갖춘 자가 실시하는 조사, 평가

⑪ 연구실사고: 연구실에서 연구활동과 관련하여 연구활동종사자가 부상, 질병, 신체장해, 사망 등 생명 및 신체상의 손해를 입거나 연 구실의 시설, 장비 등이 훼손되는 것

⑫ 중대 연구실사고: 연구실사고 중 손해 또는 훼손의 정도가 심한 사 고(사망, 3개월 이상의 요양이 필요한 부상자가 동시에 2명 이상, 3일 이상의 요양이 필요한 부상을 입거나 질병에 걸린 사람이 동시에 5명 이상)

⑬ 유해인자: 화학적 · 물리적 · 생물학적 위험요인 등 연구실사고를 발생시킬 가능성이 있는 인자

제3조 적용범위

① 연구활동종사자가 10명 미만인 경우: 법의 전부 미적용

② 상시 근로자가 50명 미만인 연구기관, 기업부설연구소 및 연구개발 전담부서: 법 제10조, 제20조 제3항 및 제4항을 제외한 전 조항 적용

③ 산업 안전보건법, 고압가스안전관리법, 액화석유가스의 안전관리 및 사업법, 도시가스사업법, 원자력안전법, 유전자변형생물체의 국 가 간 이동 등에 관한 법률, 감염병의 예방 및 관리에 관한 법률 등 의 적용을 받는 연구실: 일부 조항 미적용 (시행령 별표 1 참고)

제5조 연구주체의 장 등의 책무

① 연구주체의 장: 연구실의 안전에 관한 유지·관리 및 연구실사고 예방을 철저히 함으로써 연구실의 안전환경을 확보할 책임을 지며, 연구실사고 예방시책에 적극 협조

② 연구주체의 장: 연구활동종사자가 연구활동 수행 중 발생한 상해·사망으로 인한 피해를 구제하기 위하여 노력

③ 연구주체의 장: 과학기술정보통신부 장관이 정하여 고시하는 연구실 설치·운영 기준에 따라 연구실을 설치·운영

④ 연구실책임자: 연구실 내에서 이루어지는 교육 및 연구활동의 안전에 관한 책임을 지며, 연구실사고 예방시책에 적극 참여

⑤ 연구활동종사자: 이 법에서 정하는 연구실 안전관리 및 연구실사고 예방을 위한 각종 기준과 규범 등을 준수하고 연구실 안전환경 증진활동에 적극 참여

제9조 연구실책임자의 지정, 운영

① 연구주체의 장: 연구실사고 예방 및 연구활동종사자의 안전을 위하여 각 연구실에 연구실책임자를 지정

② 연구실책임자: 해당 연구실의 안전관리 업무를 효율적으로 수행하기 위하여 연구실 안전관리담당자를 지정(연구실 안전관리담당자는 해당 연구실의 연구활동종사자 중 지정)

③ 연구실책임자: 연구활동종사자를 대상으로 해당 연구실의 유해인자에 관한 교육을 실시

④ 연구실책임자: 연구실에 연구활동에 적합한 보호구를 비치하고 연구활동종사자로 하여금 이를 착용하게 하여야 함

제10조 연구실 안전환경관리자의 지정

① 연구주체의 장은 다음 기준에 따라 연구실 안전환경관리자를 지정
(단, 상시 연구활동종사자가 300명 이상이거나 연구활동종사자가 1,000명 이
상인 경우에는 연구실 안전환경관리자 중 1명 이상에게 연구실 안전업무만을
전담)

연구활동종사자 수	연구실 안전환경관리자
1천 명 미만	1명 이상
1천 명 이상 3천 명 미만	2명 이상
3천 명 이상	3명 이상

② 대학·연구기관 등의 분교 또는 분원이 있는 경우: 분교 또는 분원
에 별도로 연구실 안전환경관리자를 지정(단, 분교 또는 분원의 연구활
동종사자 총인원이 10명 미만인 경우 제외)

③ 연구실 안전환경관리자: 연구실 안전관리사 자격을 취득한 사람,
안전관리기술에 관하여 「국가기술자격법」에 따른 국가기술자격을
취득한 사람, 대통령령으로 정하는 안전관리기술 관련 학력이나 경
력을 갖춘 사람

④ 다음의 경우, 대리자를 지정하여 연구실 안전환경관리자의 직무를
대행하게 함

　가. 연구실 안전환경관리자가 여행·질병이나 그 밖의 사유로 일시
　　적으로 그 직무를 수행할 수 없는 경우

　나. 연구실 안전환경관리자의 해임 또는 퇴직과 동시에 다른 연구
　　실 안전환경관리자가 선임되지 아니한 경우

⑤ 대리자의 직무대행 기간은 30일을 초과할 수 없음(단, 출산휴가 사유
는 90일)

제11조 연구실 안전관리위원회

① 연구주체의 장은 연구실 안전과 관련된 주요 사항을 협의하기 위하여 연구실 안전관리위원회를 구성·운영하여야 함

② 연구실 안전관리위원회에서 협의하여야 할 사항

  가. 안전관리규정의 작성 또는 변경

  나. 안전점검 실시 계획의 수립

  다. 정밀안전진단 실시 계획의 수립

  라. 안전 관련 예산의 계상 및 집행 계획의 수립

  마. 연구실 안전관리 계획의 심의

  바. 그 밖에 연구실 안전에 관한 주요 사항

③ 해당 대학·연구기관 등의 연구활동종사자가 전체 연구실 안전관리위원회 위원의 2분의 1 이상이어야 함

④ 연구주체의 장은 정당한 활동을 수행한 연구실 안전관리위원회 위원에 대하여 불이익한 처우를 하여서는 아니 됨

⑤ 연구실 안전관리위원회의 구성·운영에 관한 세부기준

  가. 위원장 1명을 포함한 15명 이내의 위원으로 구성

  나. 위원은 연구실 안전환경관리자와 연구실책임자/연구활동종사자/연구실 안전 관련 예산 편성 부서의 장/연구실 안전환경관리자가 소속된 부서의 장 중에서 연구주체의 장이 지명하는 사람으로 함

  다. 정기회의는 연 1회 이상, 임시회의는 위원회의 위원장이 필요하다고 인정할 때 또는 위원회의 위원 과반수가 요구할 때 실시

  라. 재적위원 과반수의 출석으로 개의하고, 출석위원 과반수의 찬성으로 의결

  마. 위원회에서 의결된 내용 등 회의 결과를 게시 또는 그 밖의 적절한 방법으로 연구활동종사자에게 신속하게 알려야 함

제12조 안전관리규정의 작성 및 준수 등

① 연구주체의 장은 연구실의 안전관리를 위하여 다음 각호의 사항을 포함한 안전관리규정을 작성하여 각 연구실에 게시 또는 비치하고, 이를 연구활동종사자에게 알려야 함(단, 산업 안전·가스 및 원자력 분야 등의 다른 법령에서 정하는 안전관리에 관한 규정과 통합하여 작성 가능)

가. 안전관리 조직체계 및 그 직무에 관한 사항

나. 연구실 안전환경관리자 및 연구실책임자의 권한과 책임에 관한 사항

다. 연구실 안전관리담당자의 지정에 관한 사항

라. 안전교육의 주기적 실시에 관한 사항

마. 연구실 안전표식의 설치 또는 부착

바. 중대연구실사고 및 그 밖의 연구실사고의 발생을 대비한 긴급 대처 방안과 행동요령

사. 연구실사고 조사 및 후속대책 수립에 관한 사항

아. 연구실 안전 관련 예산 계상 및 사용에 관한 사항

자. 연구실 유형별 안전관리에 관한 사항

차. 그 밖의 안전관리에 관한 사항

② 연구주체의 장과 연구활동종사자는 안전관리규정을 성실히 준수

③ 안전관리규정을 작성하여야 할 연구실: 대학·연구기관 등에 설치된 각 연구실의 연구활동종사자를 합한 인원이 10명 이상인 경우

제14조 안전점검의 실시

구분	일상점검	정기점검	특별점검
주체	연구실책임자	연구주체의 장	연구주체의 장
개요	연구개발활동에 사용되는 기계, 기구, 전기, 약품, 병원체 등의 보관상태 및 보호장비의 관리실태 등을 육안으로 실시하는 점검	안전점검기기를 이용한 점검을 통해 연구실에 내재된 위험요인을 찾아내어 적절한 조치를 취하고자 실시하는 정기적인 조사행위	폭발 및 화재사고 등 연구자 안전에 치명적인 위험을 야기할 가능성이 예상되는 경우 실시하는 점검
대상	모든 연구실	모든 연구실	사고위험 예측 연구실
실시시기	매일 1회 연구개발 활동 전	매년 1회 이상	필요시
실시자	연구활동종사자 (연구실 안전관리담당자)	기관 자체 인력 또는 과기정통부 등록 대행 기관	기관 자체 인력 또는 과기정통부 등록 대행 기관
서류보존	1년	3년	3년

제15조 정밀안전진단의 실시

① 다음에 해당하는 경우 정밀안전진단을 실시

　가. 안전점검을 실시한 결과 연구실사고 예방을 위하여 정밀안전진단이 필요하다고 인정되는 경우

　나. 중대연구실사고가 발생한 경우

② 다음에 해당하는 연구실로서 유해인자를 취급하는 등 위험한 작업을 수행하는 연구실에 대하여 2년마다 1회 이상 정기적으로 정밀안전진단을 실시

　가. 연구활동에 「화학물질관리법」 제2조제7호에 따른 유해화학물질을 취급하는 연구실

　나. 연구활동에 「산업안전보건법」 제104조에 따른 유해인자를 취

급하는 연구실

다. 연구활동에 과학기술정보통신부령으로 정하는 독성가스를 취급하는 연구실

제19조 사전유해인자위험분석의 실시

① 연구실책임자는 사전유해인자위험분석(연구활동 시작 전에 유해인자를 미리 분석하는 것)을 실시

② 연구실책임자는 사전유해인자위험분석 결과를 연구주체의 장에게 보고

③ 기타 자세한 사항은 [연구실 사전유해인자위험분석 실시에 관한 지침] 참고

제20조 교육 · 훈련

① 연구활동종사자 교육

교육 과정	교육 대상		교육 시간
정기 교육	연구활동종사자	고위험연구실 (정밀안전진단 대상 연구실)	반기별 6시간 이상
		저위험연구실	반기별 3시간 이상
신규채용 교육	신규채용 연구 활동종사자 (계약직 포함)	고위험연구실	8시간 이상
		저위험연구실	4시간 이상
	신규로 연구개발활동에 참여하는 대학생, 대학원생 등		2시간 이상
특별안전 교육	연구주체의 장이 필요하다고 인정하는 연구활동종사자		2시간 이상

(참고) 타 법(산업안전보건법, 고압가스안전관리법, 액화석유가스법 등)에 의한 교육 실시 시 제외

② 연구실 안전환경관리자 전문교육

교육 과정	교육 시기 및 주기	교육 시간
신규 교육	지정 후 6개월 이내	18시간 이상
보수 교육	신규교육 이수 후 매 2년이 되는 날을 기준으로 전후 6개월 이내	12시간 이상

제21조 건강검진

① 건강검진 실시 기준

구분	일반건강검진	특수건강검진
실시 주기	1년에 1회 이상	산업안전보건법 시행규칙 별표 12의3 '특수건강진단의 시기 및 주기' 준용
검진 기관	국민건강보험법에 따른 건강검진기관 산업안전보건법에 따른 특수건강진단 기관	산업안전보건법에 따른 특수건강진단 기관
검진 내용	① 문진과 진찰 ② 혈압, 혈액 및 요 검사 ③ 신장, 체중, 시력 및 청력 측정 ④ 흉부방사선 촬영	산업안전보건법 시행규칙 별표 13 제1차 검사항목 등

(참고) 산업안전보건법 제43조 또는 원자력안전법 제91조에 따른 건강검진 실시 시 적용 면제

제46조 과태료

① 다음의 어느 하나에 해당하는 자에게는 2천만 원 이하의 과태료를 부과

　가. 정밀안전진단을 실시하지 아니하거나 성실하게 수행하지 아니한 자

　나. 보험에 가입하지 아니한 자

② 다음의 어느 하나에 해당하는 자에게는 1천만 원 이하의 과태료를 부과

　가. 안전점검을 실시하지 아니하거나 성실하게 수행하지 아니한 자

나. 교육 · 훈련을 실시하지 아니한 자

다. 건강검진을 실시하지 아니한 자

③ 다음 어느 하나에 해당하는 자에게는 500만 원 이하의 과태료를 부과

가. 연구실책임자를 지정하지 아니한 자

나. 연구실 안전환경관리자를 지정하지 아니한 자

다. 연구실 안전환경관리자의 대리자를 지정하지 아니한 자

라. 안전관리규정을 작성하지 아니한 자

마. 안전관리규정을 성실하게 준수하지 아니한 자

바. 안전점검 또는 정밀안전진단을 실시한 결과 중대한 결함이 있는 경우 보고를 하지 아니하거나 거짓으로 보고한 자

사. 안전점검 및 정밀안전진단 대행기관으로 등록하지 아니하고 실시한 자

아. 연구실 안전환경관리자가 전문교육을 이수하도록 하지 아니한 자

자. 연구실에 필요한 안전 관련 예산을 배정 및 집행하지 아니한 자

차. 연구비를 책정할 때 일정 비율 이상을 안전 관련 예산에 배정하지 아니한 자

카. 안전 관련 예산을 다른 목적으로 사용한 자

타. 연구실사고 보고를 하지 아니하거나 거짓으로 보고한 자

파. 연구실사고 자료제출이나 경위 및 원인 등에 관한 조사를 거부 · 방해 또는 기피한 자

하. 연구주체의 장에게 시정명령한 사항을 위반한 자

2. 안전관리 우수연구실 인증제도 평가표

과학기술정보통신부 산하 국가연구안전관리본부에서는 2016년부터 안전관리 우수연구실 인증제도를 시행하고 있다. 이 제도는 안전관리 수준 및 활동이 우수한 연구실에 대하여 전문가의 심사를 통해 인증을 부여하는 제도로 대학·연구기관 등에 설치된 과학기술분야 연구실의 자율적인 안전관리역량 강화 및 안전관리 표준모델의 발굴·확산을 목적으로 하고 있다. 이미 10년 차에 접어든 인증제도의 성공적인 정착으로 많은 안전관리 우수연구실들이 인증 및 재인증을 받고 있으며, 인접 연구실들의 벤치마킹 모델이 되고 있다. 인증심사는 시스템분야(30점), 활동수준분야(50점), 안전의식분야(20점)로 나누어 심사위원단(3인) 현장방문을 통해 수행되고 있다.

인증제도 신청을 통해 외부 전문 심사위원에 의한 연구실 안전관리 수준을 평가해 보거나, 다음의 평가표를 활용하여 자체적으로 내부심사를 해보는 것도 좋겠다. 물론, 인증심사를 받지 않더라도 연구실 안전관리 수준 향상을 위해 세부적으로 어떤 활동이 요구되는지 다음의 평가표를 통해 확인해 보도록 하자.

가. 연구실 안전환경 시스템분야

구 분	1. 운영법규 등 검토

심사지표	연구실책임자는 국내외 관련 규정 등을 검토하여 해당 연구실의 운영법규, 안전규정 및 운영방침을 정하여야 하며, 이 법규, 규정 및 방침에는 연구주체의 장의 정책과 목표, 성과개선에 대한 의지가 분명히 제시되고 모든 연구실 구성원에게 공표되어야 한다.

	세부항목	배점	결과
심사척도	1. 연구실 운영법규, 안전규정 및 운영방침은 다음 사항을 만족하여야 한다.	-	-
	가. 안전정책과 관련된 법규에서 요구하는 사항 준수 의지	0.2	
	나. 안전정책에 관한 각종 규정 및 지침 등에서 요구하는 사항 준수 의지	0.2	
	다. 연구실 안전환경 확보 및 연구활동종사자 건강보호를 위한 지속적인 규정·방침 개선 및 실행 의지	0.2	
	라. 연구실의 안전환경 위험 특성 및 연구실 규모에 적합	0.2	
	마. 연구주체의 장의 연구실 안전환경 철학과 연구활동종사자의 참여	0.2	
	2. 연구실 운영법규, 안전규정 및 운영방침을 간결하게 문서화하고 연구주체의 장의 서명과 시행일을 명확하게 적어 연구실의 모든 구성원 및 이해 관계자가 쉽게 접할 수 있도록 공개하여야 한다.	1	
	3. 연구실책임자는 연구실 운영법규, 안전규정 및 운영방침이 연구실에 적합한지를 정기적으로 확인하여 최신의 것으로 활용할 수 있도록 하여야 한다.	1	
	합 계	3	

구 분	2. 목표 및 추진계획		
심사지표	연구실책임자는 기관의 목표에 부합하게 연간 안전환경 구축활동 목표를 수립하고 구체적인 세부 추진계획을 마련·시행하여야 한다.		

심사척도	세부항목	배점	결과
	1. 연구실책임자는 연간 안전환경 활동에 대한 목표를 수립하고, 세부적인 추진계획을 수립 및 시행하여야 한다.	0.5	
	2. 연구실책임자가 목표를 수립할 때에는 안전환경 구축활동 수준평가결과, 사전유해인자위험분석 결과, 법규 등 검토사항과 안전환경 활동상의 필수적 사항(교육, 훈련, 성과측정, 내부심사) 및 해당 연구실 구성원이 동의한 그 밖의 요구사항 등을 반영하여야 한다.	0.5	
	3. 안전환경 구축활동은 안전환경 방침에서 추구하는 목표와 일치하여야 한다.	0.5	
	4. 목표 수립 시 목표달성을 위한 연구실 및 인적·물적 지원 범위와 크기를 반영하여야 한다.	0.5	
	5. 안전환경 시스템상의 목표를 달성하기 위한 활동 추진계획을 다음 사항과 같이 수립하고 간결하게 문서화하여 실행하여야 한다.	–	–
	가. 연구실의 전체목표 및 세부목표와 이를 추진하고자 하는 책임자 지정	0.2	
	나. 목표달성을 위한 안전환경 구축활동 계획(수단·방법·일정 등)	0.2	
	다. 안전환경 구축활동별 성과지표	0.1	
	6. 연구실책임자는 안전환경 구축활동 추진계획을 최소 연 1회 이상 검토하고 연구실의 운영 변경 또는 새로운 계획의 추가사유가 발생할 때에는 수정하여야 한다.	0.5	
	합 계	3	

구 분	3. 조직 및 업무분장
심사지표	연구실 안전환경 구축활동 계획의 이행을 위하여 기관 내 조직·인력의 업무분장 및 책임 사항이 규정되어야 한다.

	세부항목	배점	결과
심사척도	1. 연구주체의 장은 해당 연구실에서 연구실 안전환경 시스템이 올바르게 실행 및 운영되고 있는가에 대하여 주기적으로 점검 확인하여야 한다.	1	
	2. 연구실책임자는 연구실 안전환경 구축활동 계획의 이행을 위하여 세부 활동별 담당자를 지정하고, 그 역할 및 책임과 권한을 문서화하여 해당 연구실의 연구활동종사자와 공유하여야 한다.	1	
	3. 연구주체의 장은 연구실 안전환경 시스템의 실행·운영과 개선에 필요한 자원(인적·물적)을 제공하여야 하며, 이를 실행하기 위하여 구성원에게 교육, 훈련 등을 실시하여야 한다.	1	
	합 계	3	

구 분	4. 사전유해인자위험분석

심사지표	연구실책임자는 연구실 내의 실험기기, 장비, 유해위험물질, 실험방법, 그 밖의 업무에 기인하는 유해 위험 요인을 스스로 조사하고 그 위험요인을 제거, 감소시키기 위해 「연구실 사전유해인자위험분석 실시에 관한 지침」(과학기술정보통신부 고시)에 따라 사전유해인자위험분석을 수행하여야 한다.

심사척도	세부항목	배점	결과
	1. 연구실책임자는 연구실의 안전확보를 위하여 사전유해인자위험분석을 실시하여야 한다.	1	
	2. 연구실책임자는 다음 사항들을 포함하여 성실히 사전유해인자위험분석 결과보고서를 작성하여야 한다.	-	-
	가. 연구실 안전현황	0.2	
	나. 연구활동별(실험 · 실습/연구 과제별) 유해인자 위험분석	0.2	
	다. 위험요인 제거 · 감소를 위한 안전계획	0.2	
	라. 비상시 조치계획	0.2	
	마. 연구개발활동안전분석(R&DSA)	0.2	
	3. 연구실책임자는 해당연구실의 연구활동종사자를 대상으로 유해인자에 관한 교육을 실시하고 정보를 제공하여야 한다.	0.5	
	4. 사전유해인자위험분석을 통해 도출된 안전관리 미흡사항을 보완 · 조치 및 문서화하여 해당 연구실 안전환경 목표에 반영 · 관리하여야 한다.	0.5	
	합 계	3	

구 분	5. 교육 및 훈련, 자격 등
심사지표	연구실 안전교육 및 훈련, 자격사항은 규정되어야 한다.

	세부항목	배점	결과
심사척도	1. 연구활동종사자는 연구실 안전환경유지 관련 업무수행에 필요한 능력을 보유하여야 하며, 필요한 경우 교육·훈련 등을 통하여 필요한 능력을 습득하여야 한다. 이때 연구주체의 장 및 연구실책임자는 이를 지원하여야 한다.	1	
	2. 유해·위험물질의 잠재위험성 및 안전수칙 등 연구실 안전환경 정보를 연구활동종사자에게 전달할 수 있도록 교육·훈련 및 자격 관련 절차서를 수립·보유하고 있어야 한다.	0.5	
	3. 연구실 환경 및 특성을 반영한 교육 실시·관리 기준을 수립·이행하고 그 실적을 보유하여야 한다.	0.5	
	4. 안전 교육 및 훈련 계획 수립 시 연구실의 위험요인, 연구활동종사자의 업무 또는 연구 특성을 고려하되 다음 사항을 포함하여야 한다.	-	-
	가. 안전환경 방침, 안전환경 시스템에 따라 수행하여야 할 안전환경 구축·개선활동과 담당자의 역할 및 책임	0.4	
	나. 연구실 사전유해인자위험분석에 따른 유해위험요인에 관한 교육과 개선사항	0.3	
	다. 연구실 사고에 대한 비상대응 관련 교육·훈련	0.3	
	합 계	3	

구 분	6. 의사소통 및 정보제공		
심사지표	연구활동종사자들 간에 연구실 안전에 관한 의사소통 및 정보제공이 이루어지고 있어야 한다.		

심사척도	세부항목	배점	결과
	1. 연구실책임자는 연구실 안전환경 시스템 확립을 위하여 연구실 구성원과 이해관계자가 연구실 안전환경 활동에 참여하고 의사소통 및 필요한 정보를 제공할 수 있도록 다음 사항을 포함하여 절차를 수립하여야 한다.	–	
	가. 안전환경 조성을 위한 정보의 종류 및 제공방법(필요 시 전문가 자문 등)	1	
	나. 연구실 안전환경 관련 내 · 외부 문서 접수처리 및 회신	0.5	
	다. 안전환경 문제 및 활동에 대한 연구활동종사자의 참여 (견해, 개선 아이디어, 관심사항)와 검토 회신	0.5	
	합 계	2	

구 분	7. 문서화 및 문서관리		

심사지표	연구실 안전환경 활동을 위한 문서화 및 문서관리가 체계적으로 이루어져야 한다.		

심사척도	세부항목	배점	결과
	1. 연구실은 연구실 안전환경 시스템을 성공적으로 정착하기 위해 안전환경 구축 · 개선 활동과 관련된 사항을 문서화하여야 한다.	0.5	
	2. 연구실 안전환경 시스템 관련 사항은 규정화(매뉴얼, 절차서, 지침서 등)하여 체계적인 관리가 이루어질 수 있도록 하여야 한다.	0.5	
	3. 문서의 생산 및 등록(제 · 개정 포함), 배포, 폐기 등에 대한 기준을 규정화하여 체계적으로 관리하여야 한다.	0.5	
	4. 문서는 연구실 환경 변화 및 관련 규정 · 기준 개정 사항 등을 반영하여 항상 최신으로 현행화하고 정기적으로 검토하여야 한다.	0.5	
	합　계	2	

구 분	8. 비상 시 대비 · 대응 관리 체계		
심사지표	연구실은 사고 발생 시 피해를 최소화하기 위하여 비상 시를 대비한 사고대응 매뉴얼 등 사고관리체계가 구축되어 있어야 한다.		

	세부항목	배점	결과
심사척도	1. 연구실책임자는 해당 연구실에서 발생할 수 있는 최악의 상황을 가정한 비상사태별 대응 시나리오 및 대책을 포함한 비상조치계획(매뉴얼)을 작성하고 교육 · 훈련을 실시하여야 한다.	0.5	
	2. 연구실책임자는 비상사태별로 정기적인 교육 · 훈련을 실시하고 비상사태 대응 훈련 후에는 성과를 평가하여 필요 시 비상조치계획을 개정 · 보완하여야 한다.	0.5	
	3. 비상조치계획에는 다음 사항이 포함되어야 한다.	–	–
	가. 연구실의 특성(보유 유해인자 등)	0.3	
	나. 사고발생 시 비상조치를 위한 연구실 구성원의 역할 및 수행절차	0.3	
	다. 사고발생 시 각 부서 · 관련기관과의 비상연락체계	0.3	
	라. 비상 시 대피절차와 재해자에 대한 구조 · 응급조치 절차	0.3	
	마. 비상조치계획에 따른 연간 연구실 교육 · 훈련 계획 및 실적(사진자료 첨부)	0.3	
	4. 연구실 사고 기록을 작성 · 관리하여야 하며, 사고 발생 시 대책을 수립하여 이행하여야 한다.	0.5	
	합 계	3	

구 분	9. 성과측정 및 모니터링		
심사지표	연구실 안전환경 시스템의 효과 측정을 위하여 정기적으로 성과 측정 및 모니터링이 실시될 수 있도록 계획을 수립하고 실행하여야 한다.		

	세부항목	배점	결과
심사척도	1. 연구실책임자는 정기적으로 성과를 측정하기 위한 절차서를 수립하고 유지하여야 한다.	0.5	
	2. 연구실 안전환경 목표 및 추진계획, 연구실 안전환경 시스템, 안전환경 구축·개선 활동 이행 실적 등에 대한 객관적 성과평가가 이루어져야 한다.	0.5	
	3. 안전예산 대비 집행 실적 확인이 이루어져야 한다.	0.5	
	합 계	1.5	

구 분	10. 시정조치 및 예방조치
심사지표	연구실은 성과측정 및 평가확인 결과 부적합 사항이 발견될 경우 원인을 파악하고 시정조치 또는 예방조치를 절차서에 따라 실행하여야 한다.

	세부항목	배점	결과
심사척도	1. 성과측정 결과에 따라 시정조치 및 예방조치 실행 전, 원인분석을 실시하여 연구실 맞춤형 계획을 마련한다.	0.5	
	2. 성과측정 결과 및 사전유해인자위험분석 결과 등을 반영하여 적합한 절차에 따라 시정 및 예방 조치를 실시하여야 한다.	0.5	
	3. 시정조치 및 예방조치 실행 후 적합성 여부를 평가하고 변경 사항은 기록 및 관리하여야 한다.	0.5	
	합 계	1.5	

구 분	11. 내부심사		
심사지표	연구실 안전환경 구축·개선 활동에 대한 내부심사 및 연구주체의 장 검토가 적합하게 이행되고 있어야 한다.		
심사척도	세부항목	배점	결과
	1. 연구실책임자는 안전환경 구축·개선 활동이 연구실 안전환경 시스템에 따라 적합하게 실행·유지·관리되고 있는지를 확인하기 위하여 1년에 1회 이상 내부심사를 받아야 한다.	0.5	
	2. 내부심사를 위한 심사조직, 심사일정, 심사일자, 심사결과 조치에 대한 사항을 절차서로 작성하고 이 절차서에 따라 내부심사를 실행한다.	0.5	
	3. 내부 심사원은 연구실안전환경관리자 및 해당 연구실과 이해관계가 없는 인원에 의해 수행되어야 한다.	0.5	
	4. 내부심사를 실시할 때에는 다음 사항을 고려하여야 한다.	-	-
	가. 연구실 안전환경 시스템의 적합성	0.3	
	나. 연구실 안전환경 시스템을 통해 제시된 안전환경 목표의 달성 여부	0.3	
	다. 사전유해인자위험분석 및 성과측정 결과 등에 따른 개선·시정조치 등의 이행내용	0.4	
	5. 내부 심사결과는 보고서로 작성하여 연구주체의 장 및 해당 연구실 연구활동종사자 등에게 전달하고, 시정조치는 요구 사항대로 이행되어야 한다.	0.5	
	합 계	3	

구 분	12. 연구주체의 장의 검토 여부		
심사지표	연구주체의 장은 연구실 안전관리 시스템 전반에 관하여 검토하고 그 결과를 시스템에 반영하여야 한다.		

심사척도	세부항목	배점	결과
	1. 연구주체의 장의 검토는 규정에 따라 실시되어야 한다.	0.5	
	2. 연구주체의 장 검토 · 보고 시 아래 사항이 포함되어야 한다.	–	–
	가. 연구실 안전환경 연간 추진계획 및 추진실적	0.3	
	나. 내부심사 지적 사항 및 시정결과	0.3	
	다. 연구실 안전점검 또는 정밀안전진단 관련 고시에 따른 실시 계획 및 결과	0.2	
	라. 사전유해인자위험분석 계획 및 개선조치 사항	0.2	
	3. 연구주체의 장 검토 결과 지시된 사항은 사후조치 및 관리되어야 한다.	0.5	
	합 계	2	

나. 연구실 안전환경 활동 수준분야

구 분	1. 연구실의 안전환경 일반
심사지표	연구실은 안전조치, 안전수칙, 안전장치 등 안전관리가 잘 되어있어야 한다.

	세부항목	배점	결과
심사척도	**1. 출입구 상태** - 화학물질을 취급하는 연구실에서는 화학물질을 취급하는 시설 또는 일반인의 출입을 제한하는 시설이라는 것을 명확하게 알아볼 수 있도록 적절한 표시를 하여야 하고, 연구실 출입자를 제한 · 관리하여야 한다. - 생물분야 연구실에서는 출입문은 항상 닫아두며, 승인받은 자만 출입할 수 있도록(BL2 이상 필수) 출입구에는 잠금장치(카드, 보안시스템 등)를 설치하여야 한다.(BL1, BL2 권장) - 비상시 신속한 대피가 가능하도록 유도등, 비상구, 출입구 표지 등이 부착되어 있고 장애물을 적재하지 않아야 한다. - 비상시 신속한 구조활동 등을 위하여 연구실 배치도가 부착되어야 한다. - 폭발성, 인화성, 물반응성, 산화성, 부식성, 급성독성 물질 등 위험물질을 취급하는 연구실에는 출입구 외 비상구를 1개 이상 추가로 설치하거나 피난 기구를 설치(지하 및 3층 이상인 경우)하여야 한다. 단, 바닥면의 가로 및 세로가 각 3미터 미만인 경우에는 그렇지 않다.	1	
	2. 연구실의 안전조치 상태 - 연구실 바닥은 화학물질에 대한 저항성이 있고, 미끄러지지 않는 재질로 마감되어야 한다. - 복도 및 통로에 안전통로(폭 90cm 이상, 적재물 없음) 확보하여야 한다. - 비상대피로 및 비상연락처를 비치 · 게시하여야 한다. - 연구실 내부의 정리정돈 및 청소상태가 양호하여야 한다. - 연구실 내에서 식음료를 섭취 · 보존하거나, 흡연 · 취침 행위 등이 금지되어야 한다.	3	

구 분	1. 연구실의 안전환경 일반		
심사척도	3. 연구실에는 안전관리 규정, 안전·보건 표지 및 실험에 필요한 안전수칙, 사전유해인자위험분석 보고서 등이 비치·게시되어 있어야 한다.	1	
	합 계	5	

구 분	2. 연구실 안전점검 및 정밀안전진단 상태 확인		
심사지표	연구실은 연구실 안전환경 개선을 위하여 연구실 안전점검 및 정밀안전진단을 수행하고, 이에 따른 개선조치가 적절히 이루어져야 한다.		

	세부항목	배점	결과
심사척도	1. 연구실 내 법정검사 대상 기계·기구가 설치되어 있을 경우 관련법령에 의하여 정기적으로 기계, 기구에 대한 안전검사를 실시하고 있어야 한다. - 정기점검 또는 정밀안전진단 실시결과에 대한 평가 및 상태확인 실시 - 정기점검 또는 정밀안전진단 결과와 후속조치에 대한 연구활동종사자 교육 실시	2 -	-
	합 계	2	

구 분	3. 연구실 안전교육 및 사고 대비 · 대응 관련 활동
심사지표	연구실책임자는 연구활동종사자를 대상으로 연구실 특성을 고려한 안전교육 및 사고 대비 · 대응 관련 활동을 실시하여야 한다.

	세부항목	배점	결과
심사척도	1. 연구실 안전교육 - 연구활동종사자의 안전 및 건강보호 · 유지를 위하여 연구활동종사자에게 최신의 안전환경 정보를 제공하여야 한다. - 연구실 보유 유해인자 및 연구활동 특성 등을 반영한 안전교육을 별도 시행 · 관리하여야 한다. - 연구실 안전교육 실적 기록을 문서화 또는 사진자료로 보관하여야 한다. - 교육 미이수자에 대하여 적절한 사후처리를 실시하여야 한다	3	
	2. 안전사고 대비 · 대응 활동 - 안전한 실험을 위한 실험절차서를 작성 · 게시하여야 하고 이행하여야 한다. - 사고 시 구조 · 응급조치와 피난 · 대피 요령에 대한 행동교육 실시하여야 한다. - 연구실 구성원은 비상조치계획*에 따른 비상조치 역할과 수행절차를 숙지하고 있어야 한다. * 별지 1호 - 5 - 가 - 8 - 연구실 구성원은 연구실 환경에 적합한 피난기구(완강기, 피난사다리, 구조대 등)와 응급용품(자동제세동기, 비상약품, Spill Kit 등) 등의 사용방법을 숙지하고 있어야 한다.	4	
	합 계	7	

구 분	4. 개인보호구 지급 및 관리		

심사지표	연구실은 개인보호구 등이 적절하게 비치되어 사용·관리되고 있어야 한다.

심사척도	세부항목	배점	결과
	1. 수행하는 연구활동에 맞는 적절한 보호구를 지급·사용하도록 하고 예비품을 비치, 관리하는 등 지급·관리가 제도화되어 있어야 한다. - 개인 의류와 실험복을 보관할 수 있는 장소 설정 및 보관함 설치 - 인증이 확인 또는 검증된 적정 개인 보호구 비치 및 지급(실험용 가운, 작업복, 호흡용보호구(방진 또는 방독마스크 등), 보안경, 보안면, 방열·방한 장갑, 안전화, 전기 감전에 대비한 보호구 등을 연구활동종사자 수에 맞게 비치하고 개인별로 지급 - 보호구 관리대장을 작성하고 보호구를 항상 청결하게 유지·관리 - 보호구 사용 전 사용기한과 손상 여부 확인	2	
	2. 연구활동에 적합한 보호구를 착용하여야 한다. - 안전화(발등이 노출되지 않음) 및 피부가 노출되지 않는 바지 착용 - 유해물질, 가스, 분진, 소음 등 유해요인과 추락, 낙하, 충돌, 전기감전 등 위험 요인에 적절한 개인보호구 착용	2	
	합　계	4	

구 분	5. 화재 · 폭발 예방
심사지표	화재 · 폭발을 대비하여 소화기 등 소화시설이 적절하게 설치되어 있어야 하고, 인화성 물질 등 위험물질을 안전하게 관리하고 있어야 한다.

심사척도	세부항목	배점	결과
	1. 폭발 · 화재에 대한 적절한 위험방지 설비 · 장비(소화기, 소화시설 등)를 구비하고, 점검 · 보수 계획에 따라 주기적으로 점검하여야 한다. - 연구실 환경에 적합한 소방 시설 · 장비 비치 및 관리(소화기 및 방화 담요 등) - 소화기 위치 표시 및 적응성 소화기(A,B,C,D급) 비치 · 관리(청결상태, 점검표 부착 및 점검 여부) - 소화전, 스프링클러, 가스소화설비 보유 및 관리 - 화재경보설비(비상벨, 비상방송 스피커 등)의 설치 및 관리 - 화재감지장치(감지기 등)의 설치 및 관리 - 피난유도 표지, 휴대용 비상조명 등 피난설비의 설치 및 관리	2	
	2. 위험물 관리 - 위험물(인화성, 가연성 등) 과량 보관 여부(18L, 2통 이내 보관) - 위험물 누출 여부 및 점화원 관리 상태 - 위험물질별 저장 · 보관 및 예방 대책	2	
	합　계	4	

구 분	6. 가스안전

심사지표	고압가스 등이 안전하게 보관, 사용되고 있어야 한다.

	세부항목	배점	결과
심사척도	1. 고압가스용기는 적절하게 고정되어 있고, 가연성가스와 조연성가스는 격리 보관하고 내용물이 적절하게 표시되어 있어야 한다. - 가스용기는 전도방지 설치(공동체결금지, 2개 지점 이상 채결 등) - 충전기한이 경과한 가스용기 사용·보관 금지 - 미사용 가스의 보관 시 안전 캡 사용 - 조연성가스와 가연성가스(수소 등) 분리보관 - 독성가스 사용 시 전용 캐비닛(중화장치, 디텍터, 배기 등) 설치 및 보관 - 역화방지 장치 부착(용접장치 사용 시) - 고압가스(GHS-MSDS, 내용물, 점검표, 안전수칙 등) 표지부착 - 가스용기 직사광선 및 고온 노출 여부 - 가스배관 명칭, 흐름방향, 사용압력 표시 - 고압가스 누출 방지조치 여부 * 고압가스용기는 원칙적으로 실내 보관이 금지됨에 따라 실내 보관 시 위 항목과 같이 안전하게 보관·사용되고 있어야 한다.	3 (실내 보관 시 0.5 감점)	
	2. 도시가스 및 액화석유가스의 안전조치 - 가스배관 명칭, 압력, 흐름방향 표시 - 가스배관 부식 상태 여부 - 가스연결 부위(T형 등) 누출 여부 - 가스배관 충격방지 보호 덮개 설치	1	
심사척도	3. 가스 누출에 의한 화재, 폭발 방지조치가 이루어지고 있으며 정기적으로 점검하고 비상시 대피요령을 알고 있어야 한다. - 가스누출에 대한 응급조치 매뉴얼 작성 및 숙지 - 가스누출경보기, 가스누출 감지기 등 안전장치 설치 및 작동점검 - 가스누출 방지조치 여부	1	
	합 계	5	

구 분	7. 연구실 환경 · 보건 관리		
심사지표	연구실은 환기장치 등이 적절하게 설치되어 사용되고, 화학물질 등 폐기물이 안전하게 처리 및 관리되고 있어야 한다.		

	세부항목	배점	결과
심사척도	1. 유해인자에 노출되는 연구활동종사자의 건강장해를 예방하기 위하여 물리적 인자(소음, 진동, 유해광선 등) 및 화학적 인자(분진, 유기화합물, 중금속, 산 · 알칼리 등) 등의 유해인자를 정기적으로 측정하고 적절한 개선조치를 취하고 있어야 한다. - 대상 유해인자 정기 측정결과 기록 · 관리 여부 - 측정결과에 따른 환경 개선조치 여부	1	
	2. 환기장치가 필요한 곳에는 환기장치가 설치되어야 하고, 적절하게 유지 · 관리되고 있어야 한다. - 국소배기장치의 설치 상태 - 흄후드 내부에 불필요한 장비와 약품 보관 여부 - 국소배기장치 종류에 따른 제어풍속 0.4~1.2m/s 유지 결과지 확인 및 적정 풍속위치 표시 여부 - 국소배기장치의 수시 점검 및 기록 · 관리 여부 - 가연성 물질을 취급하는 진공장치 또는 건조오븐에서 발생되는 가스의 후드나 배출구로 방출 여부 - 국소배기장치의 덕트 관리상태(덕트손상, 내부 청소상태 등)	2	
심사척도	3. 연구실의 폐기물 처리와 취급하는 폐기물 보관용기는 적정 라벨이 부착되어 있어야 하고, 폐기물의 종류에 따라 분리 보관하여야 한다. - 폐기물 처리 매뉴얼(규정) 작성 비치 여부 - 폐기물 대장(폐기물 약품명, 폐기물 저장량, 폐기물 처리일자 등) 기록 · 관리 여부 - 폐기물 보관용기 라벨 부착 및 분리 보관 여부 - 폐기물 저장용기의 적합 여부	2	
	합 계	5	

구 분	8. 화학안전		
심사지표	연구실은 화학물질에 대한 누출조치, 예방조치, 보관방법 등 안전하게 관리되고 있어야 한다.		

심사척도	세부항목	배점	결과
	1. 취급하고 있는 화학물질을 목록화하고 물질안전보건자료(MSDS)를 비치 또는 게시하며 관련규정을 이행하고 있어야 한다. - 물질안전보건자료(MSDS)를 비치, 게시 - 물질안전보건자료(MSDS)의 교육 실시 및 숙지 여부 - 화학물질별 물질안전보건자료(MSDS)는 검색, 확인이 용이하도록 색인, 목록화 - 제조사에서 제공하는 최신본의 물질안전보건자료(MSDS) 보유 - 화학물질 유출 시 대응 매뉴얼 작성 및 숙지 여부 - 연구실활동종사자들은 유해화학물질 및 실험관련 물품의 보관 위치와 물질안전보건자료(MSDS) 비치장소 숙지 여부	1	
	2. 화학물질의 저장, 보관, 사용 등이 안전하게 관리되고 있어야 하고, 안전장치 등이 설치되어 있어야 한다. - 화학물질은 관리대장 및 입ㆍ반출기록, 유효기간, 사용량 등의 관련 규정을 작성하고 기록ㆍ관리 - 화학물질의 저장용기의 적합 여부 및 라벨, 경고표지 부착 - 화학물질 전용보관함(전용시약장)의 설치ㆍ보관 및 표지 부착(GHS-MSDS) - 화학물질 저장용기의 안전관리 상태	2	
	3. 화학물질 누출에 의한 중화, 화재, 폭발 방지조치가 이루어지고 있으며 보수 점검 계획에 의거 주기적으로 점검하고 응급조치 요령을 알고 있어야 한다. - 시약, 용제류 유출사고 시 흡착제, 중화제(성상별 spill kit) 준비 및 점검 여부 - 비상샤워장치 및 세안장치 등의 안전장비를 설치하고, 담당자를 지정하여 작동상태 등을 주기적으로 확인하여야 한다.	2	

구 분	8. 화학안전		
심사척도	- 유해화학물질의 취급 · 보관을 표시하는 표지 부착 - 화학물질의 성상별 분류 보관 - 금수성 및 자연발화성 화학물질의 별도 보관 및 관리상태 - 독성화학물질의 별도 보관 및 관리 - 주요 유해화학물질별 응급조치 요령 작성 및 숙지	2	
	합 계	5	

구 분	9. 실험 기계 · 기구 안전		
심사지표	실험 기계 · 기구별 안전장치가 설치되어 있어야 하고 안전하게 관리되어야 한다.		

심사척도	세부항목	배점	결과
심사척도	1. 연구실 내 실험기계 · 기구 기타 설비의 기능과 특성을 고려하여 안전장치 등을 설치하여 잠재위험이 없도록 하며, 실험기계 · 기구의 정기적인 보수 · 점검 등을 할 수 있도록 조치하여야 한다. - 실험기계 · 기구의 점검, 보수 및 이력사항 등을 기록한 이력카드의 작성 및 관리 - 실험기계 · 기구 지침서(사용 설명서) 보유 여부 - 안전장치, 방호장치 및 안전덮개 설치 - 실험기계 · 기구의 안전수칙, 주의사항 및 작동방법 부착 - 고장이나 수리 중 사용금지 표지판 준비 또는 위험 표지 부착 - 실험기계 · 기구 취급책임자 표시 및 관계자 외 접근금지 표시 - 실험기계 · 기구의 오일누출, 과열, 진동, 소음상태 등의 정상 작동 여부 - 실험기계 · 기구에 적합한 안전 · 보건표지 부착	2	
	2. 연구실 바닥면에 안전구획을 표시하여 실험구역을 명확히 하여야 하며, 위험기계 및 기구 · 장치를 사용할 경우에는 기계 작동반경을 고려하여 울타리 설치 또는 안전구획을 표시하여야 한다.	1	
	3. 연구활동종사자는 사용 기계 · 장비별 안전 수칙을 숙지하고 있어야 한다. - 레이저 사용 시 레이저 주시 금지 등	0.5	
	4. 연구실 내 법정검사 대상 기계 · 기구가 설치되어 있을 경우 관련법령에 의하여 정기적으로 기계, 기구에 대한 안전검사를 실시하고 있어야 한다. - 프레스, 전단기, 크레인, 리프트, 압력용기, 롤러기, 사출성형기 등	0.5	
	합 계	4	

구 분	10. 전기안전
심사지표	연구실의 전기기계 · 기구 및 전기시설 등이 안전하게 관리되고 있어야 한다.

	세부항목	배점	결과
심사척도	1. 전기로 인한 감전 등 사고방지를 위해 배선 상태나 접지 여부 등을 정기적으로 점검 · 보수하는 등 안전활동을 수행하고 있어야 한다. - 전기기계 · 기구 및 전기시설의 방호조치 여부(접지 여부, 절연상태, 노후 및 손상상태 등) - 정격전류 초과 사용(문어발식 콘센트 등) 및 바닥 내 이동전선 몰드처리 여부 - 전기기계 · 기구 및 전기시설의 점검 · 보수 여부	2	
	2. 전기기계 · 기구 및 전기시설 등 전기로 인한 화재폭발을 방지하기 위하여 관련기준에 적합하도록 관리하고 있어야 한다. - 습기가 많거나 정전기로 인한 화재 · 폭발위험이 있는 장소에 설치된 전기기기 방호조치 여부(방폭구조 등) - 차단기, 멀티콘센트 등의 전기용량 적합 사용 여부 - 개인 전열기 비치 및 사용 여부 - 분전반, 스위치 등 각종 전기 표시 명칭 부착 관리상태 및 충전부 감전방지 조치	1.5	
	3. 국소배기장치의 전기안전 관리 - 방폭등 정상 작동 및 파손 여부 - 국소배기장치 내부 전기콘센트 등 위치 확인	0.5	
	합 계	4	

구 분	11. 생물안전(생물안전등급 1~2등급 적용)
심사지표	연구실의 생물실험이 안전하게 수행되고 관련규정을 준수하고 있어야 한다.

	세부항목	배점	결과
심사척도	1. 취급 생물체로 인한 감염 및 오염 등을 방지하기 위하여 실험 시 유의사항 및 응급 상황 시 조치방법 등을 숙지 · 준수하고 있어야 한다. - 생물학적 실험 오염 요인의 제거 및 방지(에어로졸 발생 최소화 등) - 취급 생물체의 위험도 및 특성 등을 고려한 전용 보호구의 비치 · 착용 - 취급 생물체 및 관련 시약 · 기구 등에 대한 위험도, 특성, 감염 · 누출 등 응급 상황 시 조치 요령 숙지	1	
	2. 취급하고 있는 생물체가 누출되지 않도록 안전하게 보관, 관리하고 있어야 한다. - 취급 생물체 보관 관리 대장 작성 및 보관 - 취급 생물체 특성에 적합한 보관 방법(동결, 냉장 등) 및 용기 사용 - 보관용기의 관리상태 및 경고표지 부착 - 생물체 관련 폐기물(의료 폐기물)의 적절한 처리 · 관리 (고압 멸균 등을 통한 폐기물의 생물학적 활성 제거 여부, 의료 폐기물(사체, 혈액, 주사기 등) 전용용기 사용 및 보관 장소의 적절성 여부 등)	2	
	3. 취급 생물체에 적합한 연구설비 및 장비 등을 관련 규정에 맞게 설치 · 관리하고 있어야 한다. - LMO 연구시설 신고 여부(LMO 취급 시) 및 설치 · 운영 관련 기록의 유지 · 관리 - BSC, 멸균기 등 생물연구시설 등급에 적합한 안전관리 시설 · 장비 등의 설치 · 보유 및 성능점검 · 관리 - 연구실 출입문, 장비 등에 생물안전 표지 부착 - 곤충이나 설치류 등의 연구실 유입 방지 방안 마련	1	

구 분	11. 생물안전(생물안전등급 1~2등급 적용)		
심사척도	4. 연구실은 바이러스 등의 유해 생물체에 노출될 위험이 있는 연구활동종사자들에게 적절한 안전조치를 실시하여야 한다. - 유해 생물체에 노출될 위험이 있는 연구활동종사자들을 대상으로 건강검진 실시 및 기록관리 - 취급 병원체에 대한 백신이 있는 경우 접종 여부	1	
	합 계	5	

다. 연구실 안전관리 관계자 안전의식 분야

구 분	1. 연구주체의 장

심사지표	연구주체의 장은 연구실 안전관련 사항에 대해 알고 있어야 한다.

	세부항목	배점	결과
심사척도	1. 연구실 안전환경 조성에 관한 법률의 주요 내용과 법령 미이행 시 행정처분 사항을 알고 있어야 한다.	1	
	2. 연구실 안전환경 운영방침 및 활동목표를 알고 있어야 한다.	1	
	3. 연구실 안전환경 운영을 위한 전년도 안전예산 집행내역 및 당해 연도 예산내역을 알고 있어야 한다.	1	
	4. 안전관리 우수연구실 인증제 운영절차와 적용 후 예상효과를 알고 있어야 한다.	1	
	5. 인증제도에서 요구하는 연구실 안전환경 활동에 대한 주요 검토내용을 알고 있어야 한다.	1	
	합　계	5	

구 분	2. 연구실책임자
심사지표	연구실책임자는 연구실 안전관련 사항에 대해 알고 있어야 한다.

심사척도	세부항목	배점	결과
	1. 연구실 안전환경 조성에 관한 법률을 알고 있어야 한다.	1	
	2. 안전관리 우수연구실 인증시스템을 수행하기 위한 구체적 추진계획을 알고 있어야 한다.	0.5	
	3. 안전관리 우수연구실 인증시스템의 운영절차와 예상효과에 대해서 알고 있어야 한다.	0.5	
	4. 안전관리 우수연구실 인증시스템의 업무분장을 알고 있어야 한다.	0.5	
	5. 해당 연구실의 사전유해인자위험분석 방법과 내용을 알고 있어야 한다.	0.5	
	6. 해당 연구실의 중요한 매뉴얼, 절차서, 지침서의 내용을 알고 있어야 한다.	0.5	
	7. 연구실의 유해위험요인을 파악하여 소속 연구활동종사자에게 안전교육을 시행하여야 한다.	0.5	
	8. 비상조치 사항을 알고 있어야 한다.	0.5	
	9. 내부심사 결과에 대하여 시정 조치하고 소속 연구활동종사자에게 교육하여야 한다.	0.5	
	합　계	5	

구 분	3. 연구활동종사자		
심사지표	연구활동종사자는 연구실 안전관련 사항에 대해 알고 있어야 한다.		

	세부항목	배점	결과
심사척도	1. 연구실 안전환경 조성에 관한 법률을 알고 있어야 한다.	1	
	2. 연구실 사고현황과 연구실 안전환경 목표를 알고 있어야 한다.	0.4	
	3. 안전관리 우수연구실 인증시스템 운영상의 업무분장을 알고 있어야 한다.	0.4	
	4. GHS-MSDS 등 연구실 안전관련 자료의 활용과 비치장소를 알고 있어야 한다.	0.4	
	5. 사전유해인자위험분석 활동에 참여하여야 하고 잠재위험성을 인지하고 있어야 한다.	0.4	
	6. 비상조치계획에서 담당 역할을 알고 있어야 한다.	0.3	
	7. 연구실에서의 유해위험물질 취급방법을 알고 있어야 한다.	0.3	
	8. 실험 전 안전점검 사항을 알고 있어야 한다.	0.3	
	9. 담당업무에 관한 연구실 안전수칙을 알고 있어야 한다.	0.3	
	10. 사전유해인자위험분석 및 내부심사 등 연구실 안전교육 내용을 알고 있어야 한다.	0.3	
	11. 취급하고 있는 유해위험물질에 대하여 유해위험성 정도와 취급절차를 알고 있어야 한다.	0.3	
	12. 비상사태 발생 시 조치 사항을 알고 있어야 한다.	0.3	
	13. 개인보호구 착용기준과 착용방법 등을 알고 있어야 한다.	0.3	
	합 계	5	

구 분	4. 연구실안전환경관리자		
심사지표	연구실안전환경관리자는 연구실 안전관련 사항에 대해 알고 있어야 한다.		
심사척도	세부항목	배점	결과
	1. 연구실 안전환경 조성에 관한 법률을 알고 있어야 한다.	1	
	2. 법정 연구실 안전환경 관리자로서의 역할을 알고 있어야 한다.	1	
	3. 안전관리 우수연구실 인증시스템의 내용과 실행효과를 알고 있어야 한다.	1	
	4. 안전관리 우수연구실 인증시스템을 실행하기 위한 연간 연구실 안전환경 계획을 수립하고 추진경과를 연구주체의 장에게 보고하여야 한다.	0.5	
	5. 내부심사 결과와 조치사항에 대한 추진상황 등을 알고 있어야 한다.	0.5	
	6. 정기점검 및 정밀안전진단의 계획수립 및 추진결과를 연구주체의 장에게 보고하여야 한다.	0.5	
	7. 사전유해인자위험분석 방법 및 조치내용을 알고 있어야 한다.	0.5	
	합 계	5	

안전의 시작은 연구실 안전에서부터!

사람에게 일생(一生)이 있듯이 제품에도 제품수명주기(PLC, Product Life Cycle)라는 것이 있다. 제품수명주기란 제품이 생겨나서부터 없어질 때까지의 전과정을 말하는데, 통상 5개 단계(개발기, 도입기, 성장기, 성숙기, 쇠퇴기)로 구분된다. 즉, 우리가 일상에서 사용하는 제품들은 신제품 개발을 위한 연구개발에서 시작하여 시험 및 제품화를 거쳐 시장에 나오고 유용하게 사용되다가 다시 새로운 신제품으로 대체되어 사라지게 된다.

사람이 일생을 살아가는 동안 '안전'의 중요성과 필요성에 대해 모두가 공감하는 바와 같이, 제품도 연구개발 단계부터 사용 후 폐기되는 단계까지 전 과정에서 안전이 담보되어야 한다. 제품을 생산하는 과정에서 사고를 예방하는 제조안전은 물론, 제품이 소비자에게 안전하게 전달되기까지의 물류안전, 인간과 환경에 피해가 없도록 처리하는 폐기물안전까지 제품수명주기 전반에 '안전'은 매우 중요하고 필요하다. 이 중 연구실안전은 가장 첫 단계에서 고려되어야 할 것으로, 사람의 유아기에 해당된다고 할 수 있다. 유아기는 미성숙된 상태로, 의사표현이 부자연스럽고 독립적인 행동이 어려운 상태이기 때문에 위험에 노출될 가능성이 매우 크다. 제품도 연구실에서 연구개발단계 중일 때에는 사고예측이 어렵고 대응에도 제약이 따르기 때문에 안전에 더욱 노력을 기울여야 한다. 즉, 모든 안전의 시작은 연구실안전에서부터 시작되어야 하겠다.

최근 국내 연구실안전 관리수준이 국가연구안전관리본부 중심의 적극적인 노력으로 크게 향상되었다고 생각된다. 또한 연구주체의 장을 비롯한 연구활동종사자들의 안전의식이 많이 변화하였으며, 이러한 분위기 속에서 이 책이 연구실안전에 조금이나마 도움이 되기를 간절히 바라 본다.

현재의 삶에 최선을 다할 수 있도록 이끄시는 주님께 감사드리며, 끝으로 책이 나오기까지 많은 격려와 도움을 주신 모든 분들께 진심을 담아 감사의 마음을 전한다.

책머리 사례에서의 유해위험요소

① 일상안전점검은 연구활동 시작 전에 실시

② 신규 화학물질 사용 시 MSDS 교육 실시

③ 실험실에서는 취식금지

④ 적합한 개인 보호구 착용 (정화통 교체, 실험복 착용 등)

⑤ 실험 중 자리 이탈 금지

⑥ 실험실 정리 정돈 (피난로 확보, 케이블 정리 등)

⑦ 미사용 시약은 시약장 보관 (인화성 액체류 등)

⑧ 실험 기계기구 안전수칙 게시 및 준수

연구활동 종사자를 위한

연구실
안전
따라
하기

초판인쇄 2025년 6월 20일
초판발행 2025년 6월 20일

지 은 이 엄상용
펴 낸 이 채종준
펴 낸 곳 한국학술정보(주)
주   소 경기도 파주시 회동길 230(문발동)
전   화 031-908-3181(대표)
팩   스 031-908-3189
투고문의 ksibook1@kstudy.com
등   록 제일산-115호(2000. 6. 19)

ISBN   979-11-7318-441-3 03300